Biodiversitätsforschung
Ihre Bedeutung für Wissenschaft, Anwendung und Ausbildung

Fakten, Argumente und Perspektiven

Zusammengestellt von einer ad-hoc-Expertengruppe

Willi ZIEGLER, Hans-Joachim BODE, Dieter MOLLENHAUER, Dieter Stefan PETERS, Horst Kurt SCHMINKE, Ludwig TREPL, Michael TÜRKAY, Georg ZIZKA, Helmut ZWÖLFER

Verfasser:

Prof. Dr. Willi Ziegler,
Forschungsinstitut Senckenberg, Senckenberganlage 25, 60325 Frankfurt a. M.

PD Dr. Hans-Joachim Bode,
Deutsche Forschungsgemeinschaft, 53170 Bonn

Prof. Dr. Dieter Mollenhauer,
Forschungsinstitut Senckenberg, Forschungsstation Lochmühle, 63599 Biebergemünd

Prof. Dr. Dieter Stefan Peters,
Forschungsinstitut Senckenberg, Senckenberganlage 25, 60325 Frankfurt a. M.

Prof. Dr. Horst Kurt Schminke,
Carl von Ossietzky Universität, Fachbereich Biologie, Postfach 2503, 26111 Oldenburg.

Prof. Dr. Ludwig Trepl,
Technische Universität München, Lehrstuhl für Landschaftsökologie, 85350 Freising.

Dr. Michael Türkay,
Forschungsinstitut Senckenberg, Senckenberganlage 25, 60325 Frankfurt a. M.

Prof. Dr. Georg Zizka,
Forschungsinstitut Senckenberg, Senckenberganlage 25, 60325 Frankfurt a. M.

Prof. Dr. Helmut Zwölfer,
Universität Bayreuth, Lehrstuhl Tierökologie I, Universitätsstr. 30, 95440 Bayreuth.

Unter freundlicher Mitwirkung von Dr. Carsten Loose, Geschäftsstelle des Wissenschaftlichen Beirates für Globale Umweltveränderungen am Alfred Wegener-Institut, Bremerhaven (Durchsicht des und wesentliche Verbesserungsvorschläge im Kapitel 6: „Internationale Aktivitäten").

Vorwort des Herausgebers

Der Begriff Biodiversität ist in den letzten Jahren ein Synonym für Lebensqualität und Natürlichkeit von Lebensräumen geworden. Trotz der positiven Belegung des Begriffes und der großen verbalen Unterstützung hapert es aber allenthalben mit der konsequenten Umsetzung von Maßnahmen zur Erforschung und Erhaltung dieses für die Menschheit so wichtigen Gutes. Die Bundesrepublik Deutschland hat 1993 das „Übereinkommen zur Biologischen Vielfalt" (Biodiversitätskonvention von Rio) ratifiziert und ist damit, wie auch andere Signatarstaaten, Verpflichtungen eingegangen. Dazu gehört auch die verstärkte Förderung der Biodiversitätsforschung. Unser Land hat in diesem Zusammenhang eine viel weitergehende Verantwortung als lediglich die Erfassung und Dokumentation der eigenen Biodiversität zu betreiben. Deutschland gehört zu jenen Forschungsnationen, die das Wissen, die Ressourcen und die Möglichkeiten haben, die weltweite Erfassung der Arten wesentlich mitzubestimmen. Hier liegt aufgrund der langen Tradition ein großer Standortvorteil für unsere Forschung, der nicht leichtfertig aufs Spiel gesetzt werden darf.

Der Senatsausschuß für Umweltforschung der Deutschen Forschungsgemeinschaft hat deutlich gemacht, daß bislang ein Papier fehlt, das die deutsche Position und Situation beleuchtet. Die Autorengruppe der vorliegenden Schrift hat diese Anregung aufgegriffen und sich intensiv mit dem Thema befaßt. Dabei wurde von Anfang an auf einen interdisziplinären Zugang Wert gelegt, da Biodiversität sich nicht in Artendiversität aber auch nicht in der von Ökosystemen erschöpft. Trotzdem bilden Taxonomie und Systematik das Rückgrat aller Biodiversitätsforschung und dies kommt in der vorliegende Studie auch besonders zum Ausdruck. Wir werden die Biodiversität unserer Welt erst richtig beschreiben können, wenn gerade diesen Disziplinen eine modernen Anforderungen genügende Aufmerksamkeit und Förderung entgegengebracht wird. Wir müssen uns davor hüten, die Aufgabe der „Erschließung der Biosphäre", wie sie von AGENDA SYSTEMATIK 2000 propagiert wird, aus Resignation vor der Größe der Aufgabe nicht ernsthaft anzugehen. Dann hätten wir allen Kredit verspielt, den wir bei den Ländern noch haben, die eine hohe Biodiversität innerhalb ihrer Grenzen besitzen, aber in ihrer Erforschung auf unsere Hilfe angewiesen sind.

Aus der bewußten Verantwortung der deutschen biologisch orientierten Forschungssammlungen hat sich, um diese Aufgaben besser wahrnehmen zu können, die **D**irektorenkonferenz **N**aturwissenschaftlicher **F**orschungs-**S**ammlungen Deutschlands (DNFS) zusammengefunden, der auf europäischer Ebene die Gründung des **C**onsortium of **E**uropean **T**axonomic **F**acilities (CETAF) entspricht.

Das Forschungsinstitut Senckenberg (FIS) ist stolz, zur Gründung beider Vereinigungen wesentlich beigetragen zu haben – nun bleibt die Hoffnung, daß sowohl auf nationaler als auch auf europäischer Ebene politisch die entsprechend notwendigen Maßnahmen getroffen werden.

Die Senckenbergische Naturforschende Gesellschaft ist froh und stolz darauf, daß dieses „Deutsche Biodiversitätspapier" in ihren Publikationsreihen erscheint. Damit stehen wir in der Tradition, die unsere Gesellschaft von Anfang an aus eigenem Antrieb und mit eigener Finanzierung gepflegt hat, als „Biodiversität" ein noch völlig unbekannter Begriff war. Ich danke der Expertengruppe für ihre hervorragende und unbeirrbare Arbeit. Mein besonderer Dank gilt Prof. Dr. W. Ziegler, der als Vorsitzender die Arbeitsgruppe zusammengehalten hat. Das Ergebnis kann sich sehen lassen und wird die deutsche Biodiversitätsdiskussion sicher bereichern und beflügeln.

Prof. Dr. Fritz F. Steininger
Direktor des Forschungsinstutes
und Naturmuseums Senckenberg
Herausgeber der Kleinen Senckenberg-Reihe

Inhaltsverzeichnis

Einleitung	1
Biodiversität als Lebensgrundlage	3
Biodiversität als Wirtschaftsfaktor	5
Biodiversität als wissenschaftliches Problem	7
Einführung	7
Taxonomie und Systematik	8
Allgemeines	8
Taxonomie	11
Systematik	20
Artendiversität – Stand und Lücken der Forschung	24
Populationsbiologie	26
Diversität in Lebensgemeinschaften – inklusive Diversität von Nahrungsnetzen und von ökologischen Kleinsystemen	30
Biodiversität auf der supraorganismischen Ebene	32
Funktion der Biodiversität auf ökosystemarer Ebene	34
Dynamik der Biodiversität	37
Bedrohung der Biodiversität	38
Internationale Aktivitäten	40
Biodiversitätsforschung in Deutschland	43
Das vorhandene Forschungspotential	43
Infrastruktur zur Erforschung der Biodiversität	47
Sammlungen	47
Zentrale Datenbanken	48
Zentrale Probensortierzentren	52
Nationales Erfassungszentrum	54
Sammelexpeditionen	55
Folgerungen	56
Ausbildung und Forschungsförderung	56
Sammelexpeditionen	59
Probensortierzentren („sorting centers")	60
Ausstattung der Museen	60
Zentrale Datenbank	62
Taxonomische und systematische Literatur	62
Nationales Erfassungszentrum	63
Zentralbüro zum Aufbau der Infrastruktur	64
Zitierte Schriften	65

Einleitung

Physik und Chemie gelingt es recht gut, in einem relativ überschaubaren Bestand von Erscheinungen zur Formulierung einheitlicher Gesetzmäßigkeiten zu gelangen. Im biologischen Bereich der Naturwissenschaften indessen sind Vielfalt und Ungleichheit in Konstruktion und Funktion konstitutive Elemente. Dies gilt weiterhin trotz der überwältigenden Erfolge der vereinheitlichten Theorien der Vererbung („genetischer Code"), der Zellenlehre, der organismischen Konstruktionsprinzipien aber auch der Theorien zur Signalaufnahme und -verstärkung in Membranen. Eine Ursache liegt darin, daß die in der Biologie zu beobachtenden Gegenstände, die Lebewesen und Biotope, in der Zeit und je nach Art der Umstände, die auf sie einwirken, ständigen Wandlungen in sich selbst unterzogen sind: Lebewesen reagieren aktiv, ihre eigene Vorgeschichte als Randbedingung ihrer Existenz und weiteren Entwicklung in sich tragend. Die Betrachtung dieser Vielfalt ist unter den Bedingungen unseres Globus, dessen Biosphäre wir bewohnen, ein unverzichtbares Element biologischer Wissenschaft, weil in dem Phänomen des Lebens selbst die Potenz zur selbständigen Schaffung neuer Vielfalt steckt. Es ist zu befürchten, daß der heute zu beobachtende, beschleunigte Rückgang der Artenvielfalt dazu führen muß, nicht nur die Stabilität und Funktionsfähigkeit der lebenden Systeme zu vermindern und grundsätzlich zu gefährden, sondern auch die Möglichkeiten künftiger Entwicklung drastisch einzuengen.

Als Übersetzung aus dem Englischen hat sich seit einigen Jahren das Stichwort „Biodiversität" (Biodiversity) für die umfassende Charakterisierung solcher Vielfalt eingebürgert – Biodiversität als wesensbestimmende Dimension der Lehre vom Leben. „Biodiversität" ist somit ein qualitativer Begriff, der die Vielfalt auf allen Ebenen meint. Er darf nicht mit der „Diversität" in der Ökologie verwechselt werden, da in die dort üblichen Maße die Arten prinzipiell gleichberechtigt eingehen und damit hohe „species diversity" auch errechnet werden kann, wo keine hohe „Biodiversität" auf allen Ebenen vorliegt. Über die Quantifizierung dieser zunächst qualitativ gemeinten Eigenschaft gibt es mittlerweile eine umfängliche Literatur (siehe insbesondere HAWKSWORTH 1995). Gleichzeitig ist „Biodiversität" auch zum Stichwort für die Gefährdung der Vielfalt von Tier- und Pflanzenarten geworden, die von der zunehmenden, im wahrsten Sinne des Wortes milliardenschweren Zahl von Menschen, aber mehr noch durch die von der Bevölkerungsgröße nur teilweise abhängigen modernen Praktiken der Naturausbeutung in ihrer Existenz bedroht sind (WILSON 1988). Die Debatte hierüber ist in vielfältigen Stellungnahmen ins Bewußtsein der Öffentlichkeit gerückt worden, die sich zunehmend von den Rückwirkungen der von ihr geschaffenen Veränderungen auf der Erde bedroht sieht. Diese Sorge mündete schließlich auch in die „Konvention für biologische Diversität" der UN-Konferenz in Rio, die inzwischen über 170 Unterzeichnerstaaten zum Handeln verpflichtet. Zu diesem Handeln gehört die mit Nachdruck betriebene Erfassung und Erforschung der Lebensformen in allen Ländern, auch in Deutschland, denn es kann wirkungsvoll nur geschützt werden, was bekannt ist. Erhalt oder Wiederherstellung der Biodiversität verlangen Programme und Aktionen im Bereich von Politik, Ökonomie, Soziologie und vor allem in der Naturkunde.

Diese Situation war für die Autoren Anlaß, einer Empfehlung des Senatsausschusses für Umweltforschung der Deutschen Forschungsgemeinschaft folgend, speziell die deutsche Situation zu beleuchten. Erstaunlicherweise stellte sich dabei heraus, daß nicht nur die Organismen, sondern die Berufsgruppe der Experten selbst, die diese Organismen kennen, beschreiben, ordnen und über sie Auskunft geben sollen, in ihrem Bestand gefährdet und nur begrenzt in der Lage sind, die von ihnen zu erwartenden Funktionen befriedigend zu erfüllen.

Mit der vorgelegten Denkschrift zur Biodiversität strebt die Autorengruppe keine vollständige Darstellung des Themas an. Biodiversität ist ja ein anderes Wort für Lebensvielfalt. Seine Bedeutung ist also sehr umfassend und für die Praxis fast zu allgemein. Es hat sich deshalb durchgesetzt, von verschiedenen Ebenen der Lebensvielfalt zu sprechen, etwa von den Ebenen der Gene, der Arten und der Ökosysteme. Hinzu kommen die räumlichen und zeitlichen Aspekte der Biodiversität (GASTON 1996). Die Unterteilungen können noch weiter geführt werden und sind keineswegs nur theoretische Spiele. Artenvielfalt und genetische Vielfalt z.B. sind nicht unbedingt mit denselben Maßnahmen zu erhalten. Diese Komplexität muß beachtet werden.

Ausgeklammert blieben etwa die vielfältigen Aspekte molekularer Diversifikation, die Abwandlungen von exemplarisch in den Lehrbüchern beschriebenen Stoffwechselwegen, die Formenvielfalt von Organellen und selbstorganisierenden Partikeln in den Zellen, die genomische Strukturvielfalt und der Reichtum an Proteinvarianten, die in den Zellen mit maßgeschneiderten, molekularen Nukleinsäurewerkzeugen hergestellt werden und deren Betrachtung auch Hilfestellungen zum Verständnis und zum Nachvollzug der biotischen Evolution auf der Erde bietet. Diese Themen müssen den spezialisierten Fachdarstellungen überlassen bleiben, obwohl sich mancherlei Bezüge zu den hier behandelten Gegenständen aufzeigen ließen. Die Denkschrift greift den Teil des Gesamten heraus, der besonders anschaulich ist und deshalb leichter den Anstoß zu einem Umdenkprozeß aller Verantwortlichen geben könnte, wo immer diese auch wirken mögen – innerhalb der biologischen Fächer, in den Fachbereichen und Fakultäten, aber auch in den forschungsnahen Verwaltungen und in den politisch wirksamen Kreisen, die für die Erhaltung der Biodiversität in der freien Natur, aber auch für das Potential an Wissenschaftlern, das für ihre Beschreibung und Erforschung notwendig ist, verantwortlich sind.

Gerade weil wir die Rolle der Biodiversität noch gar nicht exakt einschätzen können, müssen wir berücksichtigen, daß die Natur den Lebensraum des Menschen in der Zukunft nur bilden kann, wenn dieser die Natur mit allen Mitteln, auch und besonders mit innovativen Mitteln, zu erhalten bereit ist. Um diese Aufgabe erfüllen zu können, bedarf es in erster Linie der naturgeschichtlichen Forschung (MARKL 1993). Diese Forschung, die wesentlich auf Daten basiert, die in den Naturmuseen und den wenigen verbliebenen, naturkundlich ausgerichteten Arbeitsgruppen einiger Universitäten erarbeitet werden, muß für die Biodiversitätsforschung der Zukunft in Deutschland neu formiert werden.

Biodiversität als Lebensgrundlage

Mannigfaltigkeit ist ein Grundzug des Lebendigen. Auf allen Ebenen organismischer Organisation kommt sie zum Ausdruck. Sie zeigt sich in der genetischen Variabilität der Organismen, in der Vielfalt der Arten eines Lebensraumes und ihrer Beziehungen untereinander und in der Vielfalt und Vielgestaltigkeit der

Biozönosen auf der Erde. Diese Biodiversität mit ihren unterschiedlichen Bedingungen trägt entscheidend zum Fortbestand des Lebens bei, indem sie einen breiten Fächer von Optionen für weitere Entwicklung bietet. Bedrohung der Lebensvielfalt ist Bedrohung der Lebensmöglichkeiten (CRACRAFT 1996).

Die Ausbreitung der modernen menschlichen Zivilisation geht zu Lasten von Diversität und Komplexität in der Natur. Störungen, die von natürlichen Ereignissen ausgehen, haben nur selten globale Auswirkungen. Eingriffe des Menschen mit seinen heutigen technischen Mitteln sind von anderer Qualität. Im Gegensatz zu natürlichen Störungen sind sie nicht zufällig, sondern wirken gezielt und haben meist weiträumige Konsequenzen. Dabei wirken vor allem zwei Faktoren zusammen: Veränderung der chemischen Umwelt durch Verschmutzung sowie Zerstückelung der Landschaften und Lebensräume durch wachsenden Bevölkerungsdruck der Menschen. Es wird angenommen, daß fortschreitende Fragmentation abnehmende Biodiversität zur Folge hat und daß zunehmende Verschmutzung die Chancen reduziert, diesen Prozeß rückgängig zu machen. Freilich hat der Mensch – wie jedes Lebewesen – schon immer die Umwelt beeinflußt und gelegentlich auch radikal verändert, aber solche folgenschwere Ereignisse waren früher lokal begrenzt, wie z.B. Rodungen im mediterranen Raum für die Flotten der Griechen, Römer oder Venezianer. Die andere Qualität menschlichen Eingreifens liegt heute in der global zunehmenden Vereinheitlichung industriellen Wirtschaftens gepaart mit einem allzu kurzsichtigen Gewinnstreben, einem gleichgerichteten Ausnutzen der Ressourcen, ohne deren Funktionszusammenhänge genügend zu kennen. Die damit bewirkten ökologischen Veränderungen stellen eine akute Bedrohung der Biodiversität dar.

Es besteht heute kein Zweifel, daß an den meisten, wenn nicht allen Abläufen, die unsere Lebensgrundlagen ausmachen, vom Klima über geochemische Regenerationskreisläufe, Bodenfruchtbarkeit und Wasserqualität bis zur Erzeugung von Nahrungsmitteln, Organismen beteiligt sind. Das genaue Verhältnis zwischen Biodiversität und diesen Prozessen ist allerdings weithin nicht klar, insbesondere ist ungewiß, bis zu welchem Minimum Biodiversität reduziert werden kann, bevor sich nachteilige Auswirkungen auf lebensnotwendige ökologische Abläufe bemerkbar machen. Diese Ungewißheit und die Irreversibilität vieler Folgen menschlicher Eingriffe in die Natur mit Auswirkungen auf die

Biodiversität zwingen zu vermehrten Anstrengungen für ihre Erhaltung und zur Verschiebung von Entscheidungen, die zu ihrer Erosion beitragen könnten. Zugleich wird deutlich, wie dringend erforderlich die Erforschung der genannten Zusammenhänge ist.

Biodiversität als Wirtschaftsfaktor

Biodiversität ist von großem wirtschaftlichem Nutzen. Wer in diesem Bereich Optionen offenhalten will, muß an ihrer Erhaltung interessiert sein. Es ist bekannt, daß nur ein Bruchteil der Arten, die dafür geeignet wären, wirtschaftlich genutzt wird. Über die Mehrzahl der Pflanzen und Tiere ist zu wenig bekannt, um Aussagen über möglichen wirtschaftlichen Nutzen machen zu können. Dieser Aspekt betrifft vor allem zwei Bereiche: Landwirtschaft und Medizin.

Im Laufe der menschlichen Geschichte sind für die Ernährung etwa 7000 Pflanzenarten angebaut oder gesammelt worden. Nur 20 davon liefern 90 % der Nahrung, die heute für die Weltbevölkerung zur Verfügung steht, wobei allein 54 % auf das Konto von nur 3 Arten gehen: Weizen, Mais und Reis (WILSON 1985). Die Einführung neuer Nutzpflanzen hat in der Vergangenheit massive wirtschaftliche Auswirkungen gehabt. Die Kiwifrucht aus China ist ein gutes Beispiel dafür, welch wirtschaftliches Potential in neuen Produkten steckt. Ähnliche Möglichkeiten bietet die Nutzung mancher Wildtiere. So liefert z.B. der Grüne Leguan bei entsprechender Bewirtschaftung pro ha das Dreifache der Fleischmenge, die von Rindern zu erzielen ist. Ein günstiger Nebeneffekt ist dabei die Erhaltung bzw. Neuanpflanzung von Wäldern, die gewissermaßen die „Weide" des pflanzenfressenden Reptils darstellen.

Die Gefahr, die davon ausgeht, daß man immer größere Flächen für einen oder wenige Typen von angebauten Pflanzen herrichtet, bedeutet einen stetig wachsenden Bedarf an „Unterhaltungsmaßnahmen" für diese genutzten Flächen. Bei der geringen Effizienz industrieller Energienutzung im Vergleich zur Nutzung der Energie im Organismus bedeutet das zwangsläufig weitere Umweltveränderungen, nicht allein durch Agrarchemikalien, sondern schlicht durch Abwärme und Abgase aus den eingesetzten Maschinen in den Bereichen Forst-, Land-, Wasserwirtschaft und Gartenbau.

Aber selbst wenn man sich auf die Abhängigkeit von nur wenigen Arten für die Welternährung einläßt, erfordert dies wegen der zunehmenden genetischen Uniformität (und damit Anfälligkeit) der „verbesserten" Varietäten dieser Arten die Sicherung ihrer genetischen Diversität. Diese Varietäten bedürfen der periodischen genetischen Auffrischung, wenn ihre Resistenz gegen Krankheiten und Schädlinge aufrechterhalten werden soll. Die Absehbarkeit globaler klimatischer Veränderungen ist ein weiterer Grund für die Notwendigkeit der Erhaltung von Biodiversität, damit die erforderlichen genetischen Reserven verfügbar bleiben.

Die medizinische Versorgung von 80 % der Bevölkerung in der Dritten Welt beruht auf traditionellen Mitteln, wobei Pflanzenextrakte die Hauptrolle spielen. Es wird vermutet, daß etwa 20.000 Pflanzenarten in der Dritten Welt medizinisch genutzt werden. Viele Pflanzen enthalten chemische Verbindungen, die bisher in keinem Labor synthetisiert worden sind, obgleich sie durch chemische Veränderungen oder direkt für medizinische Anwendungen geeignet wären.

Es gelingen auf diesem Gebiet immer wieder überraschende Entdeckungen. Als ein besonders eindrucksvolles Beispiel sei der Fall des zur Familie Apocynaceae gehörenden *Catharanthus roseus* genannt, einer auf Madagaskar endemischen Pflanze, die mit dem bekannten Immergrün verwandt ist. Man fand in ihr Stoffe, die die Ausbildung weißer Blutkörperchen beeinflussen. Ein daraus entwickeltes Medikament ließ die Überlebensrate bei kindlicher Leukämie von 10 % auf 95 % steigen (Konsortium Systematics Agenda 2000, 1996: S. 17).

Kaum zu überschätzen ist auch die Rolle von Mikroorganismen im Gefüge ökologischer Vernetzungen. Sie werden deshalb zunehmend genutzt, sei es bei der Schadstoffbeseitigung, sei es bei der Produktion spezieller Substanzen für Medikamente oder Nahrungsmittel. Alle diese Nutzungen setzen gezielte Studien über die Öko-Physiologie dieser Organismen voraus, die wiederum nur auf der Basis einer geklärten Taxonomie sinnvoll betrieben werden können.

Hingewiesen sei auch auf die Rolle, die viele Tiere für die Erhaltung und Ausbreitung der Vegetation spielen. Sie helfen, den Pflanzen den Boden zu bereiten, sie stellen deren Bestäubung sicher, sie helfen bei der Ausbreitung der Samen und kontrollieren die Populationen der Pflanzenschädlinge.

Auch für die Tourismusbranche ist Lebensraum und Artendiversität ein gewichtiger Wirtschaftsfaktor. Intakte Landschaften, Naturschutzgebiete, spektakulär blühende Pflanzen, große Wirbeltiere an Land und im Meer, zusätzlich ein Heer wirbelloser Tiere, denken wir etwa an die Korallenriffe, bilden die Attraktionen, mit denen um Touristen geworben wird. Sie kommen als Fotografen, Taucher, stille Beobachter und Jäger und sind nur mit Vielfalt zu ködern.

Biodiversität als wissenschaftliches Problem

Einführung

Organismen als lebende Systeme sind Naturgesetzen unterworfen und müssen auf dieser Grundlage sicherstellen, daß sie Energie und Baustoffe aufnehmen, diese verarbeiten und dadurch ihre Lebensfunktion aufrecht erhalten. Wahrgenommene Umweltreize sind in die Aktionen einzubeziehen, und ein möglichst großer Anteil an Energie muß in die Produktion von Nachkommen investiert werden, damit die Weitergabe der erworbenen genetischen Information sichergestellt ist. Die Aufdeckung dieser Vorgänge und Zusammenhänge ist für die funktionale und messende Biologie Forschungsprogramm. Die Frage danach, wie Dinge funktionieren, ist auf universelle Naturgesetze gerichtet.

Organismen werden aber nicht nur durch allgemeine Naturgesetze determiniert. Sie sind auch und vor allem Ergebnisse eines evolutionären Prozesses mit seinen anagenetischen Umwandlungen und genealogischen Verzweigungen und damit etwas Besonderes, ja Unwiederholbares. Das Evolutionsgeschehen ist in der Vertikalen (im Zeitverlauf) durch Kontinuität, in der Horizontalen (in den Zeitebenen) durch Divergenz gekennzeichnet, denn während die Kohärenz der Organismen bedingt, daß der Wandlungsprozeß stets kontinuierlich erfolgt, bewirken Änderungen der energiewandelnden Aktivität der Organismen mit ihrer genetischen Komponente die Diversifikation der Ergebnisse. Vielfalt sowohl der organismischen Konstruktion (Baupläne) wie auch ihrer spezifischen Aktivitäten gehört also zu den Grundphänomenen des Lebens. Wer sie außer acht läßt, versteht auch den Kern und die Tragweite des Lebensprozesses nicht.

Die Beziehungen zwischen den Organismen sowie zwischen ihnen und den abiotischen Gegebenheiten potenzieren die Vielfalt noch, die nach den Ebenen der Individuen, Populationen, Arten, Baupläne, Ökosysteme usw. gestaffelt ist.

Das Studium und die Beschreibung der verschiedenen Ebenen sind methodisch sehr unterschiedlich und werden daher im folgenden auch getrennt dargestellt. Wichtig ist, daß alle zur diskontinuierlichen Verbreitung lebender Materie auf unserer Erde beitragen. Zur Zeit ist kaum abschätzbar, wie ein Absinken von Biodiversität die Funktionsfähigkeit von Ökosystemen beeinflußt. Für extreme Entwicklungen gibt es aber Negativbeispiele mit katastrophalen Folgen.

Da Evolution ein irreversibler Prozeß ist, sind ihre Ergebnisse einmalig und unwiederholbar. Deshalb erscheint es grundsätzlich erstrebenswert, alle Arten und andere die Vielfalt ausmachenden Einheiten zu erfassen. Ausrottung vor Entdeckung verhindert alle mit diesen Einheiten verbundenen möglichen Erkenntnisse und praktischen Anwendungen. Schließlich ist auch ein psychologisches Moment nicht zu vergessen. Naturschutz greift nur, wenn man verhindern will, daß Bekanntes zerstört wird. Bei Unbekanntem gibt es weniger Hemmungen, zumal wenn nicht einmal die zahlenmäßigen Größenordnungen sicher sind. Daher wird es auch kaum möglich sein, die Biodiversität auf der Erde auch nur einigermaßen zu erhalten, wenn nicht realistische Erhebungen über Artenzahlen vorliegen.

Taxonomie und Systematik

Allgemeines

Lebewesen sind die komplexesten und differenziertesten Naturgebilde dieser Erde. Sie stellen sich in einer zunächst verwirrenden Vielfalt dar und sind in Raum und Zeit inhomogen verteilt. In ihrem inneren Aufbau sind vielfältige Abwandlungen aller Organsysteme und ein unermeßlicher Reichtum an sinnvoll plazierten und zweckdienlichen Modifikationen von Molekülen zu verzeichnen. Der Systematik und Taxonomie kommt die Aufgabe zu, diese Sachverhalte auf der Ebene der Organismen zu erfassen, zu bearbeiten und die so erlangten Daten verfügbar zu halten. Mit anderen Worten: Systematik erforscht Ausmaß und Ursachen der organismischen Mannigfaltigkeit.

Der wissenschaftliche Wert der Systematik/Taxonomie kann nicht hoch genug veranschlagt werden. Fast alle biologischen Disziplinen sind auf die Kenntnis der Prinzipien angewiesen, aufgrund derer es zur organismischen Mannigfaltigkeit kommt. Es ist auch nötig zu wissen, nach welchen Verfahren die Systematiker die Biodiversität kategorisieren, ob sie Gruppen mit gesicherten Verwandtschaftsverhältnissen ermittelt oder nur mehr oder weniger Ähnliches zusammengefaßt haben. Jedwede Verallgemeinerung eines notwendigerweise an ausgewählten Untersuchungsobjekten experimentell gewonnenen biologischen Befundes kann nur so weit tragen, wie die Systematik zuverlässig und begründet aufgeklärt hat, was zu „Äquivalenzklassen" zusammengefaßt wird. Wenn man nur über willkürlich definierte Kategorien verfügt, muß man sich auf fundamentale Gemeinsamkeiten beschränken, die man von allen Organismen kennt. Das aber bedeutet den Verzicht darauf, der Biodiversität als Grundphänomen des Lebens gerecht zu werden.

Der Differenziertheit der Gegenstände und den zum Teil nicht unmittelbar erkennbaren Prinzipien der Verbreitung der Organismen in Raum und Zeit müssen die theoretischen Konzeptionen entsprechen, durch die die Vielfalt aufgeschlossen und geordnet entfaltet werden kann.

Im Bereich der Wissenschaftstheorie besteht heute kein Zweifel mehr, daß alle Wissenschaft theoriegetragen ist und daß das Aufkommen von Problemsituationen, Theorienstreit und kontroverser Auseinandersetzung davon zeugt, daß eine Wissenschaft interessant ist und lebt. Dies gilt auch für Taxonomie und Systematik, die auf Probleme, ungelöste Fragen, Widerstreit der Ansichten und Erklärungsmodelle verweisen können. Das von den allermeisten Biologen angenommene theoretische Fundament von Taxonomie und Systematik ist – wie in der gesamten Biologie – die Evolutionstheorie. Das zu betonen ist deshalb wichtig, weil Biodiversität ja auch dann ein wissenschaftliches Problem darstellte, wenn man Evolution nicht für gegeben hielte.

Trotz dieser theoriebezogenen und damit wissenschaftlichen Ausrichtung von Taxonomie und Systematik wurden diese im Rahmen der Biologie und Paläontologie in jüngerer Zeit als reine Registratur gesehen und entsprechend geringschätzig behandelt. Obwohl neuerdings die Erkenntnis wieder zunimmt, daß diese Teildisziplinen unverzichtbarer Teil der biologischen Wissenschaft sind, führt dies meist nicht zur Integration ihrer Ergebnisse. Schuld daran ist, daß nicht wahrgenommen wird, daß zuverlässig begründbare allgemeine Prinzipien und Gesetzmäßigkeiten, wie im hier vorliegenden Fall „das Leben", in der Natur real nur in einer Vielzahl von Konkreta (den Organismen) vorkommen. Die morphologische und funktionelle, physiologische Differenzierung kann nicht nur stochastisch, sondern muß im Rahmen allgemeiner Prinzipien erfolgen. Die Strukturiertheit der Natur erfordert eine Forschungsstrategie, die zwischen Besonderheit und allgemeinem Prinzip unterscheidet. Die bewußte Unterscheidung verhilft aber auch zur Einsicht, daß beide Aspekte aufeinander verwiesen sind. Beide sind für ein Verständnis der irdischen Biosphäre essentiell. Leider hat die Entwicklung der modernen Biologie zu einer besorgniserregenden Asymmetrie des Forschungsinteresses geführt: Im Glauben, „das Leben an sich" erforschen zu können, verlor sie die „Lebensträger", nämlich die Organismen, zu oft aus dem Blick.

Durch die unterentwickelte personelle wie finanzielle Ausstattung stehen nur wenige oder meist gar keine Taxonomen zur Verfügung, die in allgemeiner ausgerichtete Forschungsprojekte eingegliedert werden könnten. So kommt es selten zum befruchtenden Austausch zwischen Theorien und Denkmustern der Allgemeinbiologen und der Taxonomen. Geistige „Inzucht" beider Gruppen von Fachleuten ist die Folge. Jeder macht sich seine Verallgemeinerungen nach Maßgabe seiner Teilvorstellungen zurecht. Die Fragestellungen werden viel zu allgemein, als daß man sie anhand von und in Bezug auf wirkliche Funktionsträger der Biosphäre (also konkrete Arten oder Artengemeinschaften) formulieren und damit anwendbar machen könnte. Im Einzelfall sieht sich derjenige, der auf Entscheidungshilfe durch fallbezogene Aussagen bei Nutzung und Schutz der Natur wartet, mit zu allgemeinen Auskünften „abgespeist". Die Unterversorgung des taxonomischen Zweiges der Biologie hat die Divergenz zwischen Allgemeinbiologen und Artenforschern immer weiter vertieft. Es gibt nicht nur „two cultures" im Gesamtbetrieb der Wissenschaften, es gibt auch zwei Biologien, eine betont naturgesetzliche und eine betont naturhistorische. An die Stelle dieses Neben- und Gegeneinanders muß ein sachgerechtes Miteinander treten. Dazu muß die Taxonomie wieder als vollberechtigter Teil der Gesamtbiologie anerkannt werden.

Im folgenden wird eine Übersicht über Theorien, Begriffe und Methoden geboten. Darüber hinaus wird der Wissenschaftscharakter von Taxonomie und Systematik dargestellt, und es werden Hilfen für Beurteilungskriterien gegeben.

Ein Blick in das einschlägige Schrifttum zeigt, daß die Begriffe Taxonomie und Systematik sehr unterschiedlich definiert und trotzdem oft als Synonyme gebraucht werden. Wir unterscheiden hier zwischen beiden Begriffen gemäß den nachfolgend gegebenen Definitionen. Sie haben den Vorzug, leicht und mit wenigen Worten nachvollziehbar zu sein.

Taxonomie

Die Taxonomie ist die Wissenschaft von der Unterscheidbarkeit und Unterscheidung der Arten. Eine zentrale Rolle spielt hierbei der Artbegriff, da definiert sein muß, nach welchen Kriterien sortiert wird. Die Methodik ist auf Unterscheidung gerichtet. Die Beurteilung („Wägung") der Unterschiede hat in Bezug auf ihre Relevanz im Rahmen des verwendeten Artbegriffs zu geschehen. Die Methodik kann morphologisch, anatomisch, ethologisch, biochemisch, beschreibend oder auch experimentell sein. In jedem Fall aber ist die Bewertung der Resultate die eigentliche, verbindende, wissenschaftliche Aussage. Die Aussagen der Arttaxonomie bleiben auch gültig, wenn die verwandtschaftliche Klassifikation unklar ist. Sie ist lediglich formal durch die binäre Nomenklatur mit dieser verknüpft, indem bei einer Artbeschreibung grundsätzlich die Zuordnung zu einer Gattung angegeben werden muß. Die Behandlung von Organismen, die nicht in Arten auftreten, ist ein z. Zt. noch nicht ausdiskutierter Streitpunkt.

Die Unterscheidung von Arten, d.h. natürlich differenten Einheiten, hat eine lange Tradition. Allerdings haben sich die Anschauungen darüber gewandelt, was unter einer Art zu verstehen sei. Der früheste Artbegriff, der auch von LINNAEUS und Nachfolgern verwendet wurde, hat einen schöpfungsgeschichtlichen Hintergrund. Die Arten sind bereits vom biblischen Schöpfer (Gott) so konzipiert und entsprechen seinem weisen Ratschluß. Die Entscheidung über das, was wesentliche Unterschiede sind, liegt damit außerhalb der Disposition des Untersuchers. Ziel seiner Bemühungen ist lediglich, die vorhandene Ordnung zu erforschen und darzustellen. Dieser Ansatz ist sehr stringent und läßt nur eine einzige Lösung zu: die richtige. Alle anderen Hypothesen entsprechen nicht der Wahrheit und sind zu verwerfen. Dazu dient wissenschaftliche Diskussion.

Der darauf folgende „morphologische" Artbegriff war keine Alternative, da er alle in „wesentlichen" Merkmalen übereinstimmenden Individuen einer Art zuordnete, ohne zu definieren, was mit „wesentlich" gemeint sei. Oft wurde mit Aussagen wie „wesentlich ist, was ein guter Spezialist dafür hält" kokettiert, aber letztlich war damit die Frage darauf zurückverlagert, was ein „guter Spezialist" sei. Außer Subjektivität des am Gegenstand geschulten Formverständnisses läßt sich bei diesem „Artkonzept" kaum ein Kriterium angeben. Als theoretisches Artkonzept ist es damit nicht tauglich. An dieser Stelle soll aber auch schon festgestellt werden, daß eine Untersuchung der morphologischen Differenzierung auch unabhängig von theoretischen Artkonzepten sinnvoll sein kann, wenn die Problemstellung es erfordert. Man sollte sich nur davor hüten, den nicht definierbaren „morphologischen" Artbegriff dem klar umrissenen „biologischen" (genealogischen) als gleichwertig gegenüberzustellen.

Der von E. MAYR mit Nachdruck und Erfolg vertretene biologische Artbegriff (Biospezieskonzept) definiert die Art als durch Fortpflanzungsbarrieren abgeschlossene Fortpflanzungsgemeinschaft. Er hat sich in den letzten Jahrzehnten als tragfähiges wissenschaftliches Konzept durchgesetzt. Es steht aber außer Zweifel, daß seine Anwendung einer zweifachen Einschränkung unterliegt. Der biologische Artbegriff ist sinnvoll nur auf biparentale Organismen und in einer Zeitebene anwendbar, nicht dagegen auf uniparentale oder asexuelle Lebewesen sowie im Kontinuum entlang der Zeitachse. Innerhalb dieser Begrenzung sind Einzelaussagen über die Artstruktur prüfbar und der freien Disposition des einzelnen Forschers entzogen. Wenn es Fortpflanzungsgemeinschaften in der Natur gibt, die als „Arten" bezeichnet werden, sollte die Arttaxonomie versuchen, natürliche Strukturen abzubilden. Das erzeugt Kritisierbarkeit, da die Tatsachen, über die Hypothesen gebildet werden, festliegen. Es gibt sicher nur eine richtige Lösung, die Wissenschaft (Taxonomie) ist auf der Suche nach dieser.

Ein theoretischer Unterbau für die taxonomische Kategorisierung der Lebewelt in ihrer Gesamtheit bahnt sich erst an. In Anbetracht dieses Zukunftszieles ist das Biospezieskonzept sogar nur eine erste Annäherung. Es gibt, wie bereits erwähnt, viele Lebewesen, deren Konstruktion prinzipiell die Ausbildung von Biospezies gar nicht zuläßt. Obwohl dies landläufiges Wissen ist, sind die Taxonomen doch seit dem 19. Jahrhundert eigentlich ganz ähnlich vorgegangen wie seinerzeit die Biologen nach der Genietat des Systementwurfes von

LINNAEUS. Sie benutzten einen noch nicht einmal in nachprüfbaren Formulierungen ausgedrückten (morphologischen) Artbegriff mit ganz allgemeinem Anspruch. Aus ihren Arbeitsergebnissen haben dann die Theoretiker dort nachträglich (wie bei einer Textkritik der Geisteswissenschaftler oder bei der Kunstkritik) die Leitkonzepte herauslesen können. Als man schließlich mit ERNST MAYRS Übersichten die Diskussion für die Biospezies zu einem gewissen Abschluß gebracht hatte, gaben sich viele Praktiker in der Verwaltung der Formenvielfalt mit diesem griffigen Konzept zufrieden. So konnte es unbemerkt mit ähnlich übergreifendem und verallgemeinerndem Anspruch kanonisiert werden wie damals das LINNAEUSsche Gliederungsprinzip. Die Taxonomie versäumte unter dem Druck der Alltagspflichten die theoretische Vervollständigung bei ihrem grundlegenden Begriff und übersah, daß es sich bei der Biospezies um eine Lösung für nur einen Teil der Probleme handelt, die in ihrer logischen Struktur Vorbild sein muß, aber nicht Dogma sein darf. Es gilt, ein Konzept zu entwickeln, das zu nachprüfbaren Ergebnissen führt und die Diskontinuität der Natur in einen Erklärungszusammenhang bringt.

Die Forschung auf dem Weg zur verallgemeinernden Artdefinition ist derzeit im Fluß. Derjenige, der die untersuchten Organismen (oder ihre charakteristischen Spuren in Form von Krankheiten, Schadbildern, stofflichen Wirkungen usw.) in der Biosphäre aufspüren, charakterisieren und unterscheiden kann, ist meist mit diesen Arbeiten völlig ausgelastet. Er begnügt sich einstweilen mit der Feststellung von unterscheid- und definierbaren Klassen von Organismen, die im Prinzip dasselbe tun (äquiagent sind) und auf Einflüsse in derselben Weise reagieren (äquireagent sind). Die Grundlagen für solche Feststellungen können auch biochemische Unterschiede bilden, von denen nicht immer von vornherein gesagt werden kann, wie weit sie für die Taxonomie von Bedeutung sind. Wesentlich ist, daß die Isolation gegenüber anderen Organismenklassen belegt werden kann. Diversität alleine aber sagt noch nichts. Sie kann auch Geschlechtsdimorphismus, Polymorphismus, Variabilität o. Ä. bedeuten. Dies zu unterscheiden, gehört zur Aufgabe, die es mit Hilfe der Taxonomie zu lösen gilt. Es soll die Diversität, die mit der artlichen und unterartlichen Struktur einer Organismengruppe zusammenfällt, festgestellt werden.

In der Taxonomie nimmt der Merkmalsbegriff eine zentrale Rolle ein. Da in den allermeisten Fällen (z. B. Tiefseeorganismen, tropische und subtropische Arten, ausgestorbene Organismen etc.) keine Kreuzungsexperimente durchgeführt werden können bzw. Kenntnis und Verfügbarkeit der Organismen dies in absehbarer Zeit nicht erlauben, werden Merkmale verglichen und aus ihrer Diversität und Diskontinuität werden taxonomische Aussagen abgeleitet. Geht man vom Biospezieskonzept aus, gibt es drei Kategorien von Merkmalen. Primäre Merkmale sind solche, an denen die Fortpflanzungsisolation direkt gezeigt werden kann (nicht zusammenpassende Genitalarmaturen etc.). Sie liefern die härtesten Argumente für Arttrennungen. Das Kreuzungsexperiment selbst darf in seiner Aussagefähigkeit nicht überschätzt werden. In Gefangenschaft geht manches, das in der Natur nicht stattfindet. Der biologische Artbegriff geht aber von natürlichen Bedingungen aus, so daß das Experiment die Beobachtung im Freiland nicht ersetzen kann. Es erlaubt lediglich Aussagen über die genetische Entfernung zweier Organismen. Als sekundäre Merkmale kann man solche bezeichnen, die nicht direkt mit der Fortpflanzungsisolation zu tun haben, aber durch ihre komplexe Unterschiedlichkeit in Bau und Funktion genetische Inkompatibilität wahrscheinlich machen. Dies gilt besonders dann, wenn man nachweisen kann, daß die komplexen Strukturen zwei alternativ funktionierenden Apparaten zuzuordnen sind, deren Mischung nicht denkbar wäre. Solche Divergenzen liefern ebenfalls gute Argumente für Arttrennungen. Eine dritte Klasse von Merkmalen kann man als tertiäre oder als Kennzeichen bezeichnen. Diese dienen als diagnostische Merkmale zum Wiedererkennen der Arten, von deren Existenz man aufgrund anderer Untersuchungen (z. B. durch die Diversität primärer und sekundärer Merkmale) überzeugt ist. Auch molekulargenetische Variations- und Sequenzmerkmale gehören häufig dieser Klasse an und können auch der feineren Differenzierung unterhalb des Artniveaus dienen. In der Botanik, für die das Biospezieskonzept in vielen Fällen nur bedingt oder gar nicht anwendbar ist, müssen Merkmalsbewertungen und -kategorisierungen nach Maßgabe der dort geltenden Organisationsprinzipien erarbeitet werden.

Mit dieser Differenzierung wird der Gehalt an Theorie in der Taxonomie deutlich. Sie hat wie jede Disziplin ihre fachimmanenten Probleme, die zunächst völlig zweckfrei gelöst werden müssen. Dazu gehören Untersuchungen, die für die Bewertung von Merkmalen notwendig sind und spezialisierte Untersuchungsmethoden erfordern können: Morphologie, Funktionsmorphologie, Histologie, Feinstrukturforschung, Ethologie, Zytogenetik, Protein- und Basensequenzierung u.a. Diese führen zwar manchmal von der Artunterscheidung weg, weil ihre Bedeutung für die Artbildung unklar ist, gehören aber zum Rüstzeug für Taxonomen, da sie zum besseren Verständnis der Diversität beitragen.

Eine weitere Grundlage bildet das Studium der Diversität und ihre Erklärung durch eine die Artzusammensetzung einer Gruppe beschreibende Theorie. Solche Arbeiten erfolgen meist überregional und werden dann als „taxonomische Revisionen" bezeichnet. Sie stellen monographisch fest, daß sich das vorgeschlagene spezifische Einteilungskonzept weltweit durchhalten läßt und sollen plausibel machen, daß die gewählte Einteilung natürlichen Abstammungsverhältnissen entspricht. Auch im regionalen Rahmen werden solche Untersuchungen durchgeführt, wenn Feindifferenzierungen überprüft werden sollen. Aber erst die weltweit angelegte Revision, auch der Systematik, ist der Endpunkt in der Bewährung des neuen Einteilungskonzeptes. Es sollte niemals vergessen werden, daß Determinationen von heute auf Revisionen von gestern beruhen. Die regionale Arbeit gewinnt, wird manchmal auch nur sinnvoll möglich, durch die weltweit durchgeführte Grundlagenforschung.

Die vorgestellten fachimmanenten Forschungen sind sehr oft nicht direkt für andere Teildisziplinen der Biologie nutzbar. Sie müssen aber strikt durchgeführt werden, denn die methodische Eindeutigkeit ist das wichtigste. Kriterium für die Beurteilung, ob gute Forschungsarbeit geleistet wurde. Gute taxonomische Arbeit ist, wie jede gute Wissenschaft, innovativ. Nachvollziehbar bessere Merkmalsauswahl und Merkmalsbewertung sind Anzeichen hierfür, ebenso ein konziseres Einteilungsschema mit weniger Ausnahmen als zuvor.

Taxonomische Arbeit mündet in Publikationen, die durch das Angebot von Bestimmungsmöglichkeiten den Bezug zur Anwendung herstellen. Die reine Anwendung dieser taxonomischen Ergebnisse heißt Determination. Im einfachsten Falle, bei Vorliegen perfekter Bestimmungsschlüssel und völlig geklärter Systematik, kann diese als rein technische Arbeit ohne hohen wissenschaftlichen Anspruch eingestuft werden. Die Realität sieht aber sehr oft komplizierter aus. Die Klärung der systematischen Zusammenhänge ist meist weniger weit fortgeschritten, so daß bei der Determination wissenschaftliche Beurteilungen vonnöten und manchmal sogar vergleichende Untersuchungen durchzuführen sind. In solchen Fällen hat jede Determination wissenschaftlichen Anspruch. Das Feld ist hierbei breit und voller Grauzonen. Daraus erklärt sich, daß die Wertschätzung reiner Bestimmungsarbeit sehr unterschiedlich ist.

Betrachten wir schließlich noch die Anwendungsmöglichkeiten der Taxonomie. In vielen Zweigen der Biologie und Paläontologie ist die Kenntnis der Arttaxonomie für weiterführende Aussagen notwendig. Hierzu seien einige Beispiele gegeben.

• Für die Datierung und Untergliederung (Biostratigraphie) von Gesteinsfolgen ist die Kenntnis der evolutiven Entwicklung verschiedener Organismengruppen von zentraler Bedeutung. Verlauf und Lesrichtung der Entwicklung können nur erkannt werden, wenn die betreffenden Formen in ihrer Merkmalsabgrenzung klar definiert werden können. Eine abgeklärte Taxonomie ist demnach Grundvoraussetzung für das Erkennen und Beschreiben von Formenfolgen in einem evolutiven Prozeß. Bei der geologischen Landesaufnahme sowie bei der Suche und Erschließung von Lagerstätten stellt auch die exakte Datierung von Schichtfolgen einen Faktor von ganz erheblicher wirtschaftlicher Bedeutung dar. Paläontologische Datierungen sind meist präziser, zudem in der Regel schneller und billiger zu erhalten als solche, die auf geochemischen oder geophysikalischen Methoden beruhen. Bei aller Vielfalt der stratigraphischen Methoden (Magnetostratigraphie, Chemostratigraphie, Seismostratigraphie) bleibt die auf paläontologischer Grundlage arbeitende Biostratigraphie der Eckpfeiler der feinen chronologischen Untergliederung der Erdgeschichte.

• Taxonomie und Systematik sind Voraussetzungen für die Analyse und Rekonstruktion von Wander- und Ausbreitungswegen fossiler Organismen und, daraus folgend, auch der Paläogeographie. Die Darstellung paläogeographischer Verhältnisse und ihrer Entwicklung in Zeit und Raum (z. B. Plattentektonik) eröffnet wiederum die Chance, Voraussagen zu machen (z. B. Lagerstättenhöffigkeit) über bislang unerschlossene oder der direkten Untersuchung unzugängliche Gebiete.

• Die Beschreibung von Lebensräumen kann nicht allein aufgrund abstrakter Energieflußmodelle geschehen. Die Registrierung der Organismen und Organismengemeinschaften erlaubt andere Aussagen über den Lebensraum. Diese basieren auf der Kenntnis der Präferenzen der Arten und ihrer Untereinheiten. Die Rede von Umwelt „an sich" ist im wörtlichen Sinne gegenstandslos, denn Umwelt oder ökologische Nischen gibt es nur bezogen auf Lebewesen, deren Ansprüche definieren, was für sie „Umwelt" sein kann. Wenn das so ist, dann muß man die Lebewesen so weit unterscheiden, daß man auf solche mit übereinstimmenden Umweltansprüchen kommt. Dazu ist es nötig mindestens bis zur Artebene zu differenzieren. In Bezug auf das Problem von Umweltveränderungen sagen Veränderungen von Lebensgemeinschaften viel mehr aus als Materie- und Energieflußmodelle oder Biomassezahlen. Alle diese Meßwerte können auch bei Umweltveränderungen gleich bleiben, da es etwa bei Biomasse-Untersuchungen keinen Unterschied macht, ob diese von Bakterien, Einzellern, Nematoden oder Polychaeten stammt. Da aber die Frage nach Umweltveränderungen spezifisch auf Organismen gemünzt ist, ist es wichtig, diese taxonomisch exakt zuordnen zu können. Schließlich kann ein Artefakt wie eine Fehlbestimmung, falsch gedeutet, Umweltveränderungen suggerieren, wo keine sind. An diesem Beispiel wird die Notwendigkeit guter taxonomischer Darstellungen deutlich. In der Ökologie ist eine auf solcher guter Taxonomie beruhende Faunistik/Floristik unentbehrlicher Teil der Gesamtaussage.

- In der Fischereibiologie sind Fragen der Populationsdynamik, Rekrutierung, Nahrungsspektren, Wanderungen, Aquakulturfähigkeit sehr wichtig. In gemäßigten Faunengebieten der Nordhemisphäre sind solche Fragestellungen leicht zu bearbeiten, da bei der Zuordnung der Objekte wenige taxonomische Probleme auftreten. In tropischen Meeresgebieten ist dies oft völlig anders. Die Fischerei schöpft „aus dem Vollen" und nutzt die Ressourcen, die gerade verfügbar sind. Bei einer Effektivierung der Fangmethoden gerät man aber oft an Grenzen, in denen es wichtig ist zu wissen, ob die zu befischende Art einheitlich ist, in biologisch differente Unterarten zerfällt oder einem vielleicht endemischen Taxon angehört. Nur dann ist die Gefahr der Überfischung richtig einzuschätzen.

Ein weiterer begrenzender Faktor ist das Vorhandensein adäquater Nahrung. Die alte Vorstellung, daß Fische sich von allem ernähren, was ihre Umwelt anbietet, d.h. daß biologisch hoch produktive Gebiete auch fischereilich ertragreich sein müssen, hat sich in dieser deterministischen Verknüpfung nicht bewahrheitet. Besonders anschauliche Beiträge hierzu hat das ICES-Fischmagen-Programm geliefert. Die Analyse der Inhalte von über Jahrzehnte im ICES-Gebiet (Nordatlantik mit Nordsee) gesammelten Mägen kommerziell genutzter Fischarten haben eine hohe Selektivität bei der Nahrungsaufnahme ergeben. Damit sagen also strukturlose Biomassebestimmungen an Orten hoher Fangerträge nichts. Die Verbindung zwischen Nahrungsorganismen und Fischen ist komplexer und kann nur aufgeklärt werden, wenn z.B. Mageninhalte bestimmbar sind. Die dabei häufig notwendige Zuordnung von Fragmenten setzt einen guten taxonomischen Bearbeitungsstand voraus, der im ICES-Gebiet sicher gegeben ist. In den Tropen etwa können solche Untersuchungen bodenlos werden, da die taxonomische Basisarbeit fehlt.

• Die Züchtung von Organismen, seien es Tiere oder Pflanzen, setzt gute Kenntnisse ihrer Lebensgewohnheiten voraus. Die Tatsache, daß weltweit nur wenige Zuchtsorten verwendet werden, obwohl dies regional große Probleme mit sich bringen kann, hängt mit dem Mangel an Kenntnissen über andere Arten zusammen. Die Notwendigkeit, autochthone, besser geeignete Arten zu verwenden, wird an vielen Orten immer deutlicher. Für die Auswahl solcher geeigneter Arten scheidet das Prinzip von Versuch und Irrtum meist wegen zu hoher Kosten aus, wenn keine Vorauswahl möglich ist. Diese ist aber nicht möglich, wenn Fauna und Flora taxonomisch unbekannt sind und damit auch über Habitatpräferenzen keine Aussagen vorliegen. Solches „know how" ist gerade in betroffenen Entwicklungsländern selten vorhanden, so daß die jeweils einfachsten Lösungen gesucht werden. Gerade in neuerer Zeit belebt sich aber der Kontakt zwischen Taxonomen und entsprechenden angewandten Projekten. Daraus wird deutlich, daß hier ein Bedürfnis vorliegt, das nur durch spezifisches Wissen befriedigt werden kann.

• Die Schädlingsbekämpfung war im Verlaufe der Geschichte des Kulturpflanzenbaues von großer Wichtigkeit. Die Bedeutung hat sich durch Zunahme moderner Monokulturen verstärkt. In einigen Bereichen beginnen die klassischen Konzepte der Vergiftung der Schädlinge zu versagen, da immer mehr resistente Stämme auftreten. Langsam begreift man, daß es den Schädling an sich gar nicht mehr gibt. Es handelt sich vielmehr um einseitig favorisierte konkrete Arten, die unter bestimmten Bedingungen eine Massenvermehrung aufweisen. Eine „biologische" Schädlingsbekämpfung geht davon aus, daß durch spezifische Kenntnisse über den Lebenszyklus und die Biologie der Schädlingsarten Schwachstellen entdeckt werden können, bei denen weniger massive Eingriffe zu größeren Erfolgen führen. Grundvoraussetzung hierfür ist aber Klarheit in der Taxonomie der Gruppe bis hin zur Kenntnis der Varianten. Sonst ist es nicht möglich zu wissen, mit welcher Art gearbeitet wird und wie ihre biologischen Präferenzen sind. Zur Zeit ist tatsächlich die taxonomische Unkenntnis ein großes Hindernis für erfolgreiche Maßnahmen auf diesem Gebiet.

- In der Tropenmedizin spielen Parasitenzyklen eine große Rolle. Nachdem auch hier die unspezifische Bekämpfung, z.B. mit „Wurmmitteln", die Methode der Wahl war, wird immer deutlicher, daß der Prophylaxe eine große Bedeutung zukommt. Auch ist es sicher gesünder, die Übertragungswege der Parasiten zu blockieren, als bei immer erneuter Infektion medikamentös einzugreifen. Die Frage nach der Wirtsspezifität von Parasiten ist wichtig für die Aufklärung der Infektionswege. Die Taxonomie der Wirte liegt aber oft im argen, so daß diese erst mit großem Aufwand erarbeitet werden muß, bevor allgemeinere Aussagen möglich sind. Hier leuchtet unmittelbar ein, daß abrufbare taxonomische Erkenntnis die Forschung in einem anderen Gebiet beschleunigen könnte.

- Die experimentelle Biologie arbeitet mit Versuchsobjekten, deren taxonomische Einstufung und Homogenität die Ergebnisse wesentlich beeinflussen kann. Für die Gesamtaussage ist es von großer Wichtigkeit, die Varianz der Messergebnisse richtig zu deuten. Es macht einen wesentlichen Unterschied, ob das untersuchte Phänomen aus physiologisch-physikalischen Gründen eine größere Variabilität besitzt, oder ob diese durch artlich inhomogenes Versuchsmaterial (genetische Unterschiede) nur vorgetäuscht wird. Die Taxonomie beeinflußt hierbei die Qualität der Aussage. Experimentell arbeitende Biologen gehen aus dieser Erkenntnis heraus zunehmend dazu über, ihre Versuchstiere und -pflanzen exakt bestimmen zu lassen und in öffentlich zugänglichen Sammlungen zu hinterlegen.

Erforschung der Biodiversität steht mit dem angewandten Aspekt der Erhaltung der biologischen Vielfalt in engem Zusammenhang (s. z.B. GTZ 1995). dabei spielt die Frage der Beurteilung/Bewertung von ermittelter Artenvielfalt im Hinblick auf Erhaltungs- und Schutzwürdigkeit eine Rolle.

Flora und Fauna sind durch den Menschen fast überall auf der Welt massiv verändert worden. Bei der Beurteilung der Artendiversität eines Lebensraumes ist daher die Differenzierung zwischen anthropochoren (d.h. im Gefolge des Menschen eingewanderten, meist weit verbreiteten) und idiochoren (d.h. dort heimischen, z.T. endemischen) Arten von Bedeutung. Anthropochore Tier- und Pflanzenarten, die bewußt oder unbewußt durch den Menschen verbreitet wurden, haben sich in unterschiedlichem Umfang in neuen Lebensräumen etabliert, tragen also bei Erfassung der Artenbestandes zur Biodiversität eines Lebensraumes bei. Hierbei handelt es sich in gewisser Weise um eine „Scheindiversität", die durch häufig weltweit verbreitete Kulturfolger des Menschen erhöht wird. Zur Beurteilung der Artenvielfalt ist daher eine Differenzierung zwischen beiden Artengruppen nötig.

Betrachtet man z.B. die Blütenpflanzen Mitteleuropas, so ist diese Erkenntnis trivial, die anthropochoren Arten sind in der Regel bekannt. In tropischen Lebensräumen ist die Unterscheidung in der Regel nicht ohne weiteres möglich.

Hier zeigt sich ein wichtiger Aspekt systematisch-taxonomischer und chorologischer Grundlagenforschung. Nur durch solche, über eine reine Artenerfassung hinausgehende Analyse lassen sich anthropochore und idiochore Arten identifizieren. Dies wiederum ist die Grundlage für die Beurteilung von genetischer Vielfalt, Ausweisung von Schutzgebieten, Erhaltungsmaßnahmen etc. Bei ozeanischen Inseln, z.T. sehr endemitenreichen Lebensräumen, die besonders massiv von menschlicher Überformung und Einschleppung anthropochorer Arten bedroht sind, spielen solche Untersuchungen als Grundlage zur Erhaltung der Diversität bereits eine wichtige Rolle. Sie sind aber auch von Bedeutung für die Beurteilung des Artenbestandes von Sekundärstandorten. Gelegentlich sind Sekundärstandorte wichtige Erhaltungsbasen für einzelne Arten, die am Ursprungsort vom Aussterben bedroht sind (Extrembeispiel Zoo).

Systematik

Systematik ist im Vergleich mit Taxonomie der weitere Begriff, da er sich nicht auf das Artniveau beschränkt. In der Systematik können die Ergebnisse aller anderen biologischen Teildisziplinen zueinander in Beziehung gesetzt werden. Sie ist deshalb auch das einzige Gebiet der Biologie, das eine Synthese dieser

Ergebnisse ständig erfordert. Im Idealfall sollte die systematische Ordnung Spiegelbild einer definierten natürlichen Ordnung sein.

In der Praxis gruppiert man Arten nach Ähnlichkeit und/oder Verwandtschaft. Die beiden Kriterien liegen auf verschiedenen Ebenen, und dieser Unterschied ist bereits ein Teil der wissenschaftlichen Problematik. Jedenfalls muß klar sein, wonach klassifiziert wird und wie der theoretische Hintergrund ist.

Klassifikation von Organismen nach Verwandtschaft setzt voraus, daß die Prinzipien der möglichen Abwandlungen erkannt und spezifiziert werden. Ähnlichkeitsfeststellungen reichen hierzu nicht aus, begründete Ablauferklärungen sind erforderlich. Damit werden Verwandtschaftsaussagen hypothetisch, aber dies ist in allen Zweigen der Naturwissenschaft das erreichbare Maximum.

Wichtig ist hier auch die Einsicht, daß Anagenese (die Abwandlung der körperlichen Beschaffenheit) und Kladogenese (die Genealogie, also die Verzweigung von Entwicklungssträngen) zwar in der Zeit parallel, aber nicht miteinander korreliert verlaufen. Daraus ergibt sich, daß sich beide Prozesse prinzipiell nicht mit gleicher Präzision in einem gemeinsamen System widerspiegeln können, denn entweder richtet sich die Klassifikation nach den anagenetischen Veränderungen, sprich Abwandlungen der „Baupläne", dann wird die genealogische Aussage des Systems ungenau, oder sie richtet sich nach der Genealogie, dann werden die anagenetischen Unterschiede verschleiert. Obwohl selbstverständlich, sei doch betont, daß es nur ein einziges richtiges genealogisches System geben kann, weil es nur eine reale Abstammungsfolge gibt. Dagegen kann es mehrere anagenetische Systeme geben, abhängig von der jeweiligen Bewertung von Konstruktionseigenheiten, die jeweils für sich auch natürliche Gegebenheiten sind.

Aus dem Gesagten ergibt sich, daß es „das beste System" nicht gibt. Ob eine Klassifikation „gut" ist, hängt davon ab, was man von ihr erwartet. Deshalb ist es nötig, daß die jeweiligen Prinzipien, nach denen klassifiziert wurde, deutlich gemacht werden.

Abgesehen von den oben dargestellten Erfordernissen für eine verwandtschaftliche Klassifikation, kann diese auch rein ordnende Funktion haben. In Fällen, in denen man die echten Verwandtschaftsbeziehungen aus Gründen der Uniformität oder wegen zu geringer Kenntnisse nicht ermitteln kann, ist trotzdem eine Ordnung des Wissens und der Arten von großer Bedeutung. Eine Klassifikation nach Ähnlichkeiten ist dann angebracht. Wichtig ist jedoch zu betonen, daß eine solche niemals unkritisch mit Verwandtschaftsbeziehungen gleichgesetzt werden darf.

Festzuhalten bleibt, daß Klassifikation nach Verwandtschaft eine ausgefeiltere Methodik voraussetzt als den einfachen Ähnlichkeitsvergleich. Sie schreitet von den allgemeinen Prinzipien der Organisation herkommend immer mehr ins Spezielle fort. Sie versucht, Diversität zu erklären, indem sie das Prinzip der Abstammung zugrundelegt. Erst auf diesem Wege kann ermittelt werden, welche Ähnlichkeiten auf Verwandtschaft hindeuten.

Ist das System aufgrund dieser vorgeordneten Theorie aufgestellt, ist es, wie in der Arttaxonomie, nötig, diagnostische Merkmale zu finden, damit die Gruppen wiedererkannt werden können. Nur dadurch wird die Klassifikation auch praktisch nutzbar. Sie kann dann als Ablageraster für das angesammelte Wissen dienen und von Nichtsystematikern nachvollzogen und benutzt werden. Verallgemeinerungen von Einzelergebnissen, die in allgemeinbiologischen Bereichen oft unter Zuhilfenahme systematischer Kategorien getroffen werden, sind ja nur berechtigt und sinnvoll, wenn die Systematik „in Ordnung" ist.

Auch bei der klassifikatorischen Systematik müssen somit zwei Ebenen unterschieden werden: in der wissenschaftlichen geht es um die Erarbeitung der Prinzipien der Klassifikation und der Demonstration sinnvoller Zusammenhänge bei der so bearbeiteten Gruppe. Der Anwendungsbezug für andere Wissenschaftsbereiche wird in der zweiten Ebene durch Diagnosen der Einheiten, Bestimmungstabellen und bebilderte Publikationen hergestellt. Er ist sehr wichtig, setzt aber stets Vorklärungen auf der wissenschaftlichen Ebene voraus. Die Güte und theoretische Konsistenz eines klassifikatorischen Konzeptes kann nur auf der wissenschaftlichen Ebene, d.h. ohne daß dabei unmittelbar auf praktische Erfordernisse reagiert wird, abgeschätzt werden.

Aus der theoretischen Strukturierung der Systematik ergeben sich zahlreiche Berührungspunkte mit anderen Wissenschaften, auch mit der Philosophie und Wissenschaftstheorie. Deshalb spielt sie auch für unser Weltbild und das menschliche Selbstverständnis eine Rolle.

Neben der rein wissenschaftlichen Bedeutung kommt den Ergebnissen der

Systematik auch im angewandten Bereich eine wichtige Bedeutung zu. Sie ist Hilfswissenschaft für viele Disziplinen. Dies können wenige Beispiele zeigen.
- Wie bereits einleitend angedeutet, spielt die Kenntnis der Verwandtschaftsbeziehungen bei der Auswahlstrategie von Versuchsorganismen eine große Rolle. Je nach Fragestellung können nähere oder entferntere Verwandte ausgewählt und getestet werden. Bei der Suche nach allgemeinen Prinzipien ist es sinnvoll, möglichst entfernt verwandte Formen miteinander zu vergleichen, um festzustellen, wie weit das Prinzip reicht.
- In der Parasitologie ist bekannt, daß in sich geschlossene Parasitengruppen meist auch relativ einheitliche Wirtsgruppen besiedeln. Dies hängt mit der Schwierigkeit des „Umsteigens" einer Reihe von Parasiten zusammen. Die Kenntnis der Verwandtschaftsbeziehungen ermöglicht auch für die Wirtszyklen Vorhersagen und Hypothesen, die den Suchprozeß wesentlich ökonomisieren. Dasselbe gilt für den Test wirksamer Gegenmittel, der meist nach dem Analogieprinzip begonnen und dann auf Spezifität getrimmt wird.
- Bei der Suche nach wirksamen Pflanzeninhaltsstoffen, etwa Alkaloiden, ist es sehr wichtig, die Verwandtschaftsbeziehungen von Pflanzen zu kennen, bei denen solche Stoffe entdeckt wurden. Damit kann die Suche nach Pflanzen mit besseren Gehalten wesentlich ökonomisiert werden. Dies ist z.B. bei der Gattung *Rauvolfia* der Fall gewesen, bei der erst eine taxonomisch/systematische Bearbeitung der Gattung half, Arten mit optimaler Wirkstoffausbildung einzugrenzen.
- Ähnliche Bedeutung hat die taxonomisch-systematische Grundlagenforschung natürlich auch für die Pflanzenzüchtung. Das entwickelte Gattungs(gruppen)konzept gibt den Rahmen für züchtungsrelevante Arten(gruppen) vor. Wie sonst sollte z.B. der Kartoffelzüchter eine auf der Robinson-Crusoe-Insel endemische *Solanum*-Art als für die Züchtung dieser Weltwirtschaftspflanze interessant erkennen?
- Die Kenntnis von phylogenetischen Beziehungen zwischen Arten spielt in der Biostratigraphie eine entscheidende Rolle.
- Eine gute Klassifikation fossiler Arten ermöglicht in Zusammenhang mit entsprechendem Wissen über deren rezente Verwandten Aussagen über fossile Lebensräume, paläogeographische Verhältnisse und Vorkommen von Lager-

stätten ebenso wie unter Umständen Voraussagen über die Entwicklung von Artengemeinschaften und Ökosystemen in der Zukunft.

Artendiversität – Stand und Lücken der Forschung

Trotz jahrhundertelanger Forschung ist das Ausmaß der Diversität des Lebens auf dieser Erde immer noch ungeklärt. Seit technologischer Fortschritt es ermöglicht, früher fast unzugängliche Lebensräume und geographische Regionen (Tiefsee, Polargebiete, Kronenregion der Regenwälder, untermeerische Höhlen) immer besser zu erkunden, kommt es zu revolutionären Veränderungen der Vorstellungen über das wahre Ausmaß der Biodiversität. Heute sind rund 1,7 Mio. Arten beschrieben. Die Schätzungen der tatsächlichen Artenzahl streuen stark. Nach vorsichtigen Annahmen sind es 12,5 Mio., andere gehen bis zu 100 Mio. (SAVAGE 1995). Extrapolationen von Untersuchungsergebnissen bei der Erforschung der Insektenfauna in den Baumkronen tropischer Regenwälder führen zu dem Ergebnis, daß die Arthropodenfauna dieser Wälder einen Artenreichtum aufweist, der selbst die kühnsten Schätzungen der Vergangenheit haushoch übertrifft. Es ist von bis zu 30 Mio. Arten die Rede (ERWIN 1982). Dasselbe scheint für die Tiefseefauna zuzutreffen. Die Fläche des Meeresbodens unter 1000 m ist ungefähr doppelt so groß wie die festen Landes, und es zeichnet sich ab, daß auch die Zahl der Tiefseearten bisher um Größenordnungen unterschätzt worden ist. Neueste Annahmen gehen von 5-10 Mio. aus (GRASSLE & MACIOLEK 1992).

Das Canadian Museum of Nature hat Anfang der neunziger Jahre Spezialisten aus dem Bereich aller Organismengruppen (Mikroorganismen, Pflanzen, Tiere) um ihre Schätzung der Artenzahl gebeten, mit der die von ihnen bearbeitete Gruppe im Lande vertreten ist. Die Summe der Expertenschätzungen ergab, daß gut die Hälfte des Artenbestandes im Land vermutlich noch nicht erfaßt und beschrieben worden ist. Zu einem ähnlichen Ergebnis gelangten australische Entomologen bei der Schätzung der Zahl einheimischer Insektenarten. 45 % der Arten wurden für bekannt gehalten, 16 % für gesammelt aber nicht beschrieben, 39 % für bisher überhaupt nicht erfaßt. In der gleichen Quelle (WILSON 1985) lauten die Schätzungen für die britischen Inseln: 90 % bekannt, 4 % gesammelt, aber nicht beschrieben, 6 % noch unerfaßt.

Was für Insekten gilt, kann nicht ohne weiteres auf andere Tiergruppen übertragen werden. Die Bodennematoden Deutschlands sind nach Schätzungen vermutlich erst zur Hälfte bekannt, bei Milben scheint das Verhältnis noch ungünstiger zu sein. Bei der Untersuchung der Besiedlung der ostfriesischen Inseln sind allein auf den winzigen Inseln Mellum und Memmert 28 neue Ichneumoniden-Arten entdeckt worden. Weltweit und auch lokal in Deutschland ist die Erfassung der Artenvielfalt noch lange nicht abgeschlossen, obgleich das Ausmaß der Erfassungsdefizite regional und gruppenspezifisch sehr unterschiedlich ist. So wurden 1978-87 pro Jahr im Mittel nur 5 Vogelarten, aber 7222 Insektenarten beschrieben.

Die Entstehung und Erhaltung von Biodiversität ist eines der größten unverstandenen Schlüsselprobleme der Biologie und Naturwissenschaft. Wieviel Arten existieren wirklich auf der Erde? Sind es tatsächlich 12,5 Millionen, und wenn ja, welches sind die Gründe für diese Zahl. Warum sind es nicht 50 Millionen oder 1 Milliarde? Wie sind diese Arten regional verteilt und welches sind die Gründe für das regional unterschiedliche Ausmaß der Biodiversität? Es gibt Gegenden extrem hoher Biodiversität auf der Erde, welches sind die Gründe dafür und wie wird diese Diversität aufrechterhalten? Wieviele Arten leben im Meer? Wie sind sie dort verteilt? Nimmt die Zahl der Arten in der Vertikale zur Tiefsee hin zu? Gibt es in der Tiefsee einen latitudinalen Artendiversitätsgradienten wie an Land? Warum sind Insekten so divers an Land und Crustaceen im Meer? Wie ist die Vielfalt etwa der Nematoden und Milben zu erklären? Läßt die pflanzliche Lebensweise wirklich – wie es den Eindruck macht – weniger Diversität zu als die der Tiere und wenn ja, warum? Welche historischen Bedingungen haben zur Entstehung von Artendiversität geführt? Welche Faktoren bestimmen die Schnelligkeit dieses Prozesses? Welche Rolle spielt Co-Evolution für die Entstehung von Vielfalt? Welchen Beitrag leisten spezielles Fortpflanzungsverhalten, spezielle Ernährungsweisen, spezielle Fortbewegungsmechanismen zum Diversifikationsprozeß? Was hat Ausbreitungsfähigkeit mit Vielfalt zu tun? Erleichtert ein phylogenetisches System die wirtschaftliche Nutzung der Vielfalt? Wie groß ist das Ausmaß des Artensterbens auf der Erde? Wie gewichtet man die Bedeutung von Arten oder Lebensgemeinschaften bei Entscheidungen für Naturschutzmaßnahmen?

Unser gegenwärtiges Verständnis der Gründe für Biodiversität und ihr jeweiliges Ausmaß ist sehr oberflächlich, obgleich für ihren Erhalt sehr viel davon abhängt. Biodiversität ist insofern ein besonderer Fall in der Wissenschaft, als es um die Erforschung eines Phänomens geht, das im Begriff steht, sich radikal zu verändern, wenn nicht sogar lokal ganz zu verschwinden. Da man nicht erhalten kann, was man nicht kennt, ist Erforschung der Biodiversität ein Gebot der Stunde. Die akute Bedrohung der Biodiversität setzt ihre Erforschung unter Zeitdruck. Verlorene biologische Vielfalt ist nicht rückholbar. Die allgemeine Bedrohung macht die Erforschung der Biodiversität zu einem globalen Forschungsprogramm, gesetzliche Regelungen in Deutschland (Schutz der Ökosysteme, Umweltverträglichkeitsprüfungen, Rote Listen, Landschaftsrahmenpläne) zu einer regionalen Notwendigkeit.

Erforschung der Biodiversität muß deshalb folgende Ziele haben:

a) Wissen, was vorhanden ist und wie es sich verändert. Dies erfordert global und regional eine Bestandsaufnahme der Artenvielfalt und eine Überwachung der Veränderungen in Verbreitung und Häufigkeit aller oder ausgewählter Arten.

b) Verständnis der ökologischen Prozesse und dessen, was sie bewirken: Stabilität oder Wandel. Dies erfordert langjährige Beobachtungen und Experimente im Freiland und im Labor.

c) Herstellung von Verständnis und Verantwortlichkeitsgefühl in der Bevölkerung in Sachen Biodiversität. Dies erfordert populärwissenschaftliche Aufklärung über die Bedeutung von Biodiversität und Vermittlung ihrer Faszination, wie sie z. B. im Artikel 13 des „Übereinkommens über die biologische Vielfalt" von 1992 eingefordert werden.

Populationsbiologie

Während in der Taxonomie „Arten" als homogene, mehr oder minder eindeutig charakterisierbare Einheiten behandelt werden, treten sie in ihrem Lebensraum in Form von Populationen auf. Daß sich Populationen auf Grund unterschiedlicher Lebensbedingungen in ihren Phaenotypen unterscheiden können und daß auch genetische Unterschiede vorliegen können, war durch faunistische, biogeographische und biometrische Untersuchungen schon seit langem bekannt (z.B TIMOFEEV-RESSOVSKY 1940; FORD 1964). Aber erst die modernen Arbeitsmethoden der Populationsgenetik, insbesondere die gelelektrophoretische Einzelenzymanalyse und die Einführung DNA-analytischer Verfahren (RFLP/RAPD), haben das ganze Ausmaß erkennen lassen, in dem Tier- und Pflanzenpopulationen nicht nur regional, sondern oft auch lokal und im zeitlichen Ablauf der Generationsfolgen in ihren Genotyp- und Allelfrequenzen voneinander abweichen können (SPERLICH 1988; FUTUYMA 1986).

Die Intensivierung populationsökologischer Freilandarbeit hat aber auch gezeigt, daß die einzelnen Tier- und Pflanzenpopulationen, sofern sie nicht in topographisch oder ökologisch abgeschlossenen „Habitatinseln" leben, keine festbegrenzten, wohl definierbaren Einheiten darstellen, sondern durch einen mehr oder weniger ausgeprägten Genfluß miteinander in Verbindung stehen. Es wurde ebenfalls deutlich, daß viele Arten weniger in individuenreichen, langlebigen, genetisch polymorphen Großpopulationen, sondern häufiger in relativ kurzfristig existierenden Kleinpopulationen vorkommen. Diese durch eine rasche Abfolge von Populationsgründungs- und Aussterbeprozessen gekennzeichneten und in vielen Genen monomorphen Kleinpopulationen bilden ein lose verknüpftes Netzwerk, das als „Metapopulation" bezeichnet wird (LEVINS 1968; GILPIN & HANSKI 1991).

Die Erhaltung eines Minimums an genetischer Diversität ist eine der Voraussetzungen für die Existenz und den Fortbestand von Tier- und Pflanzenarten (MAYR 1963). Damit wird das Problem des Schutzes genetischer Mannigfaltigkeit zu einer Schlüsselfrage des Schutzes bedrohter Arten (SEITZ & LOESCHCKE 1991).

Die innerhalb und zwischen Populationen auftretende genetische Variabilität stellt das Rohmaterial für alle Evolutionsprozesse dar. Eine wichtige Rolle spielen dabei die das Ausmaß und die Richtung des Genflusses beeinflussenden Populationsstrukturen. Die Veränderungen im Allelbestand von Organismen sind die Basis der allgegenwärtigen, aber meist übersehenen „Mikroevolution". Diese ist eine wesentliche Grundlage der Makroevolution, also des landläufig „Evolution" genannten Vorgangs.

Das bedeutet einerseits, daß die Verarmung genetischer Variabilität auch den künftigen Evolutionsprozess einengt, indem sie dessen Optionen beschneidet. Es bedeutet andererseits, daß genetische Vielfalt uns ein breites Studium mikroevolutiver Prozesse ermöglicht und damit bessere Einblicke in das Phänomen Evolution, das zentrale Thema der Biologie, verschafft.

Damit stellt die biologische Diversität auf der Ebene der Populationen der Forschung folgende Aufgaben:

• Für ein breites Spektrum biologisch-ökologisch unterschiedlicher Tier- und Pflanzenarten sollten das Ausmaß des Genflusses zwischen Einzelpopulationen und Zusammenhänge zwischen Genfluß, Populationsgröße, anderen Populationsstrukturen sowie den jeweiligen bionomischen Strategien [STEARNS (1992): life history strategies] untersucht werden. Damit würde einerseits ein wichtiger Beitrag zur populationsgenetischen Grundlagenforschung und dadurch zum Verständnis der populationsbiologischen Mannigfaltigkeit geleistet. Andererseits würde eine wesentliche Grundlage für einen wissenschaftlich begründeten Artenschutz gewonnen.

• Untersuchungen über den Einfluß von Umweltparametern und Gradienten abiotischer Umweltfaktoren auf die Populationsgenetik von Tier- und Pflanzenarten sollten intensiviert werden. Besonders wichtig erscheinen dabei die vom Menschen direkt oder indirekt veränderten Umwelteinflüsse. Beispiele wie der Industriemelanismus bei bestimmten Schmetterlings- und Marienkäferarten, das große Ausmaß insektizid-resistent gewordener Arthropodenarten oder die Adaptation von Ackerunkräutern an Erntetechniken zeigen, wie sehr der Mensch direkt als Selektionsfaktor in die Mikroevolution von Organismen eingreifen kann. Einige Hinweise gibt es auch für indirekte anthropogene Einflüsse, etwa durch die tiefgreifende Umgestaltung der europäischen Vegetation seit dem frühen Mittelalter. Hier liegt einerseits ein Arbeitsfeld für die Grundlagenforschung, die Modelle mikroevolutiver Prozesse studieren kann, andererseits sind Untersuchungen in diesem Gebiet auch für die angewandt-ökologische Forschung wichtig, da für diese die Frage der Belastungsfähigkeit ökologischer Systeme eine große Rolle spielt.

• Biologische Diversität wird häufig ausschließlich als Formenmannigfaltigkeit aufgefaßt, es wird dabei die Mannigfaltigkeit an „ökologischen Nischen", also an Organismus-Umwelt-Beziehungen übersehen. Wie die zahlreichen „siblings" (= nur biologisch-ökologisch sicher trennbare Arten) in manchen Taxa zeigen, kann sie sogar deutlich größer sein als die morphologisch wahrnehmbare Vielfalt. Wichtig ist daher nicht nur ein Verständnis der Entstehung von Formenvielfalt, sondern auch eine vertiefte Einsicht in die Evolution „ökologischer Nischen". Dabei liegen für die Einwirkung abiotischer Faktoren, wie z.B. die mit Breitengrad oder Meereshöhe korrelierten klimatischen Bedingungen auf die Populationsgenetik von Tier- und Pflanzenarten, bereits umfangreiche Daten vor. Im Gegensatz dazu ist die Einwirkung von biotischen Faktoren, also der Interaktion mit anderen Organismen, auf die Evolution – und das bedeutet zunächst vor allem Mikroevolution ökologischer Nischen – bislang nur spärlich untersucht worden. Eine Ausnahme bilden die im letzten Jahrzehnt an Biotypen (sogenannten „Wirtsrassen") phytophager Insekten, insbesondere Schmetterlings- und Bohrfliegen-Artenkomplexen, durchgeführten populationsgenetischen, verhaltensbiologischen und morphometrischen Arbeiten. Diese zeigen, daß gerade manche Insekten-Pflanzen-Systeme nicht nur Speziationsprozesse in statu nascendi, sondern auch die evolutive Abwandlung ökologischer Nischen mit all ihren Folgeerscheinungen modellhaft erforschen lassen (z.B. ZWÖLFER & ARNOLD-RINEHART 1992).

• Ein ebenfalls zunehmend an Interesse gewinnendes biologisches Arbeitsfeld ist die überraschende Mannigfaltigkeit an Kommunikationssystemen innerhalb von Populationen. Dabei handelt es sich keineswegs nur um Partnerfindungssysteme. Zunehmend werden Kommunikationssysteme nachgewiesen, die im Dienste einer optimalen Ressourcennutzung bzw. einer Stabilisierung von Populationsdichten zu stehen scheinen. Populationsgenetische Untersuchungen – etwa an unterschiedlichen „Pheromon-Rassen" bei Kleinschmetterlingen – gewähren erste Einblicke in die Entstehung der Vielfalt an Signalsystemen bei Tieren. Auch hier liegen zweifellos interessante Arbeitsmöglichkeiten für Populationsgenetiker, Physiologen und Verhaltensbiologen.

Die Betonung, die hier auf die populationsgenetische Diversität gelegt wurde, sollte nicht übersehen lassen, daß es – insbesondere bei höher entwickelten Tierarten – auch eine nicht genetisch verankerte Diversität von Verhaltensäußerungen gibt, die durch Konditionierung, Prägung, Lernprozesse oder Traditionsbildung zustandekommt.

Diversität in Lebensgemeinschaften – inklusive Diversität von Nahrungsnetzen und von ökologischen Kleinsystemen

Auf die Diversität von Großökosystemen soll hier nicht im Detail eingegangen werden. Von geobotanischer Seite sind zwar für die höheren Pflanzen fast aller europäischen terrestrischen Ökosysteme umfangreiche Bestandsaufnahmen und entsprechende Klassifizierungen ausgearbeitet worden. Für die Tropen sind ähnliche Aufnahmen wegen mangelhafter taxonomischer Kenntnisse zur Zeit nicht möglich. Der Zoologe und der Spezialist für niedere Pflanzen sind, wie etwa das „Solling-Projekt", aber auch andere Großforschungsvorhaben des IBP (Internationales biologisches Programm) gezeigt haben, angesichts der Defizite taxonomischer Forschung sogar schon in Europa gänzlich überfordert, wenn von ihnen vollständige Artenlisten verlangt werden. Und selbst dort, wo umfangreiche Faunenlisten und Listen von Mikrophyten aufgestellt werden können, sind sie im Hinblick auf die Funktionen des betreffenden Ökosystems oft wenig aussagekräftig, da für viele Gruppen noch nicht genügend biologische Basisdaten verfügbar sind. Schwierigkeiten bereitet auch der Umstand, daß verschiedene Arten und/oder Gemeinschaften – seien es Pflanzen oder Tiere – in ihren Verbreitungsmustern nur begrenzt zur Deckung zu bringen sind. Eine sehr aufschlußreiche Studie zu diesem Thema (PRENDERGAST et al. 1993) zeigt aufgrund der besonders vollständigen Erhebungen in Großbritannien, daß die „hotspots" hoher Artdichte für unterschiedliche Taxa selten zusammenfallen und daß viele seltene Arten in den meisten „hotspots" fehlen.

Viele erfolgversprechende Ansatzpunkte ergeben sich aber für die zoologische Bearbeitung ökologischer Kleinsysteme. Darunter sollen hier Pflanzen-Insekten-Komplexe, Parasitoidenkomplexe von Wirtsinsekten, Parasitenkreise von Vertebraten, Lebensgemeinschaften in Kleinstgewässern, Aas- und Kotbewohner, Tiergemeinschaften im Bodenbereich und ähnliche überschau- und abgrenzbare Lebensgemeinschaften verstanden werden. Ihre Erforschung hat sich in den letzten Jahrzehnten speziell im angelsächsischen Bereich unter der Bezeichnung „community ecology" zu einer eigenständigen ökologischen Disziplin entwickelt.

Es gibt hier vor allem zwei Ansätze, mit deren Hilfe die große Mannigfaltigkeit solcher Kleinsysteme bewältigt werden kann. Der eine besteht in der Anwendung des „Gilden-Konzepts" (ROOT 1967), d. h. in der Zusammenfassung von koexistierenden Arten, die gleiche Ressourcen in ähnlicher Weise nutzen, in funktionale Gruppen, der andere in der Analyse von Nahrungsnetzen und Nahrungsketten.

• Gilden eignen sich für eine vergleichende Analyse ähnlicher ökologischer Kleinsysteme, da die Struktur solcher funktionalen Artengruppen quantitativ beschrieben werden kann. Wichtig ist vor allem die Frage nach dem Grad der Einnischung der einzelnen Mitglieder einer Gilde. Kontrovers diskutiert wird, wie weit allgemeingültige Gesetzmäßigkeiten für die Struktur von Gilden aufgestellt werden können. Das betrifft etwa die Frage, wieviel Nischenüberlappung innerhalb einer Gilde toleriert werden kann, wie eng die Artenpackung innerhalb einer Gilde sein kann, ob es grundsätzlich zu einer Artensättigung von Gilden kommen kann und welche Rolle Konkurrenzphänomene für die Artenzusammensetzung von Gilden spielen. Auch das Postulat, daß stabil koexistierende Arten innerhalb einer Gilde definierbare morphologische Ähnlichkeitsgrenzen aufweisen müssen (HUTCHINSON 1959), ist hinsichtlich seines Gültigkeitsbereichs umstritten. Das gilt zum Teil auch für die Aussagekraft von „Nullmodellen", mit deren Hilfe geprüft werden soll, wie weit die Artenzusammensetzung von Gilden von rein zufällig zusammengewürfelten Artenkombinationen abweicht. Insgesamt liegt hier noch ein großer Forschungsbedarf vor.

• Nahrungsnetze und Nahrungsketten sind in Großökosystemen meist nur qualitativ und unvollständig zu erfassen. In bestimmten ökologischen Kleinsystemen können sie auch quantitativ beschrieben werden. Besonders ergiebig sind hier die zahlreichen Pflanzen-Insekten-Systeme, bei denen 3, 4 oder sogar 5 trophische Ebenen einer Untersuchung zugänglich sind. Im Gegensatz zu dem zuvor geschilderten Gilden-Konzept steht beim Nahrungsnetz-Ansatz die Interaktion zwischen den einzelnen Gliedern des Systems sowie das Problem der Stabilisierung von Populationsdichten im Vordergrund. Da Pflanzen-Phytophagen-Entomophagen-Systeme in zahlreichen Varianten vergleichend analysiert werden können, bieten sich hier Möglichkeiten zur Beantwortung grundsätzlicher synökologischer und evolutionsökologischer Fragen. Auch zur Bioindikation können sich Nahrungsnetze eignen, da das Beziehungsgefüge zwischen einzelnen Arten auf eine Veränderung von Umwelteinflüssen besonders empfindlich reagieren kann (TSCHARNTKE 1992; ZWÖLFER 1994).

Mit diesen Ausführungen wird nicht behauptet, daß die angesprochenen ökologischen Probleme nicht auch an größeren Systemen (z.B. Inselfloren und -faunen) erforscht werden könnten (und auch wurden). Kleinsysteme bieten aber den Vorteil der Übersichtlickeit, der schneller zu verläßlichen Ergebnissen führen kann.

Leider ist die Feststellung nicht zu umgehen, daß trotz hervorragender Einzelleistungen auf diesem Gebiet die angelsächsische und skandinavische Forschung einen riesigen Vorsprung vor der deutschen hat.

Biodiversität auf der supraorganismischen Ebene

Gehen Organismen verschiedener Arten untereinander kausale, bzw. funktionale Beziehungen ein oder halten sie sich gemeinsam in einem Raum auf, so ergibt sich eine gegenüber der verwandtschaftlichen neue Ebene, auf der sich die Frage nach der Diversität neu stellt. Historisch hat man sich zuerst für die Vielfalt von Gebieten im Sinne der darin enthaltenen Anzahl von Arten interessiert (Floren, Faunen). Später, um die Mitte des XIX. Jahrhunderts, gewann auch die Vielfalt der Gebiete an Formationen als physiognomische und/oder standörtliche – und in diesem Sinne „ökologische" – Einheiten an Interesse. Gegen Ende des Jahrhunderts werden diese Formationen darüber hinaus als Gemeinschaften von Arten aufgefaßt. Dadurch „potenziert sich die Mannigfaltigkeit"; die Gemeinschaften sind in sich von unterschiedlicher Mannigfaltigkeit, und zudem unterscheiden sich standörtlich und physiognomisch übereinstimmende Formationen floristisch-faunistisch differierender Gebiete in ihrer Artenkombinantion. Die in jüngerer Zeit üblich gewordene Beschreibung von Ökosystemen mittels Stoff- und Energieflußmodellen ohne Berücksichtigung der Artenzusammensetzung muß daher, trotz gewisser Vorzüge der vereinheitlichten mathematischen Behandlung, demgegenüber als Rückschritt betrachtet werden.

Für die Aufgabe der Beschreibung der Biodiversität auf ökosystemarer oder Gebietsebene ergibt sich damit, daß die Probleme, die man bereits auf der Ebene der Arten hat, hier ebenfalls auftreten. Das heißt insbesondere, daß die Lücken in der Artenkenntnis der einzelnen taxonomischen Gruppen der Erfassung der Diversität der Ökosysteme und der Diversität von Gebieten Grenzen setzen (während sich die Vielfalt von Gebieten an Ökosystemen, die allein von ihrer stofflich-energetischen Beschaffenheit her – unter Abstraktion von den Arten – bestimmt sind, natürlich ohne Artenkenntnis beschreiben läßt). Relativ zuverlässige, teilweise sogar sehr genaue Kenntnisse haben wir nur für Teile der gemäßigten Zone und nur für einige Artengruppen. Das heißt, die darüber hinaus gehenden allgemeinen Aussagen zu Fragen ökologischer Diversität beruhen weitgehend auf Extrapolationen.

Ein Unterschied zwischen organismischer und ökosystemarer Ebene, der zu erheblichen methodischen Schwierigkeiten führt, liegt in folgendem: Organismen grenzen sich selbst gegen ihre Umwelt ab, wogegen Ökosysteme weitgehend vom Beobachter nach Maßgabe der jeweiligen Fragestellung abgegrenzte Systeme sind (d.h. die Grenzen werden weniger gefunden als gezogen).

Daraus folgt unter anderem, daß Aussagen zur Diversität auf Gebiets- und Ökosystemebene hochgradig maßstabsabhängig sind (durch geeignete Maßstabswahl läßt sich z.B. die Behauptung empirisch stützen, daß gemäßigte oder mediterrane Lebensräume artenreicher sind als tropische). Entsprechendes gilt für die zeitliche Dimension, wenn man die Frage stellt, ob Ökosysteme im Hinblick auf ihre Diversität Konstanz zeigen .

Deutlich wird auf der ökosystemaren Ebene aber auch, daß die auf Anzahl („Reichtum") und Anzahl plus Verteilung von Arten beruhende Diversität nur ein Aspekt dessen ist, was mit Begriffen wie Mannigfaltigkeit, Vielfalt, Reichtum und auch Diversität an ökologisch interessanten Fragen üblicherweise verbunden wird. Andere Aspekte zeigen sich z.B., wenn man das Augenmerk nicht auf die Elemente (Arten), sondern auf ihre Verknüpfungen lenkt (z.B. unter Begriffen wie „Komplexität" oder „connectiveness" beschrieben). Da diese unterschiedlicher (im wesentlichen kompetitiver, prädatorischer und mutualistischer) Art sind und darum nicht einfach summierbar, wird deutlich, wie kompliziert die Frage der Biodiversität auf ökologischer Ebene ist; über diese Verknüpfungen wird ja die Diversität erst ökologisch relevant. Zu diesen Aspekten der biotischen Vielfalt ist noch wenig bekannt.

Funktion der Biodiversität auf ökosystemarer Ebene

- Wodurch wird die Diversität von Ökosystemen beeinflußt und
- welche Ökosystemeigenschaften werden von der Diversität beeinflußt?

Die erste Frage umfaßt die Probleme der Entstehung bzw. Steigerung, Erhaltung und Verminderung der Diversität.

Gesteigert werden kann die Diversität von Ökosystemen (und Gebieten) grundsätzlich auf zwei Wegen:
- durch Entstehung neuer Elemente in situ, insbesondere Speziation und
- durch Immigration.

Der für Ökosysteme bei weitem wichtigere Weg ist der über Immigration. Denn die Mehrzahl der Ökosysteme wird nicht alt genug, um Speziation zum vergleichsweise wichtigeren Prozeß werden zu lassen. Insbesondere gilt das für die ohnehin jungen Lebensräume der während der Eiszeit mehr oder minder vergletscherten Gebiete. Mit anderen Worten: Die Arten, die die jeweils aktuellen Ökosysteme bilden, bleiben nicht lange genug in Gemeinschaft, als daß genetische Evolution auf der Artebene in Gang kommen könnte.

Die Ursachen für die Diversitätsänderung durch sukzessive Immigration liegen vor allem auf drei Ebenen:

1. Flächen- und Distanzvariablen. Die Brauchbarkeit der „Inseltheorie", mit der insbesondere Artenzahländerungen isolierter Gebiete (Inseln, Habitatinseln) zu erklären versucht werden, wird seit etwa 10 Jahren zunehmend in Zweifel gezogen. Klar ist allerdings, daß, auch wenn die ursprüngliche Ausarbeitung dieser Theorie erhebliche Mängel haben sollte, Parameter wie Flächengröße und Entfernung von den Ausbreitungsquellen von großer Bedeutung sind.
2. Umwelteinflüsse. Die klassische These ist, daß neben ihrer räumlichen Heterogeneität die Gunst der Umwelt Ursache hoher Diversität sei; auf diese Weise erklärte man insbesondere den größeren Artenreichtum der Tropen. Die These ist nicht unumstritten. Später stellte man weniger die Gunst als die zeitliche Konstanz der Umweltfaktoren in den Vordergrund (s.u.). Demgegenüber steht die Auffassung, daß gerade Störung, d.h. zeitliche Variabilität, vor allem mittlerer Größe, zur Diversitätssteigerung führe („intermediate disturbance hypothesis").

3. Interspezifische Beziehungen. Eine weitere klassische These sagt, daß die Gesellschaft, d.h. die Gemeinschaft der bereits anwesenden Arten, die entscheidende Rolle bei der „Aufnahme neuer Mitglieder" und damit bei der Diversitätssteigerung spiele („limited membership"). Dadurch entstehe „Resistenz", die sich bis zur „Immunität" steigern könne. Dabei wird oft die Diversität der ursprünglichen Gesellschaft selbst für den wichtigsten Faktor gehalten (artenreiche Gesellschaften seien immun gegen die Aufnahme weiterer Arten, damit in dieser Hinsicht stabil). Die Gültigkeit dieser These hätte allerdings zur Voraussetzung, daß die interspezifischen Beziehungen (Konkurrenz, Prädation, Mutualismus) große Bedeutung haben, d.h. daß die Elemente des Ökosystems nicht nur „lose gekoppelt" sind. Daß dies so sei, wird aber seit langem und neuerdings verstärkt bezweifelt. Viele Befunde, unterschiedliche Diversität verschiedener Gesellschaften und Gebiete und immigrationsbedingte Diversitätsänderungen betreffend, die man auf diese Weise, d.h. von der unterschiedlichen „Widerstandsfähigkeit" der bereits vorhandenen Artenkombination her, glaubte erklären zu müssen, werden für bloße Zufallswirkungen resp. Artefakte gehalten, oder sie werden den Folgen gesellschaftsexterner Bedingungen für die Einwanderung zugeschrieben.

Auch wenn jeweils aktuell das Immigrationsgeschehen für die Diversitätssteigerung ausschlaggebend ist, so ist letzten Endes (außerhalb stattfindende) Speziation die Quelle der neuen Artendiversität. Unter Bedingungen sehr langer Ungestörtheit könnte aber auch die Bedeutung der Speziation in der jeweiligen Gesellschaft selbst die der Immigration übersteigen. Das gilt insbesondere für die Gesellschaften der tropischen Regenwälder, die zum Teil seit Millionen von Jahren unter fast gleichbleibenden Umweltbedingungen existieren. Die lange Zeit relativ unangefochten geltende Theorie der konkurrenzbedingten Nischendifferenzierung lieferte ein Modell, demzufolge unter solchen Bedingungen die Zahl der – immer besser aneinander angepaßten und immer engere ökologische Nischen besetzenden – Arten bis zu einem Gleichgewicht, bei dem die maximal mögliche Vielfalt erreicht ist, gesetzmäßig zunimmt. Solche Gesellschaften sind wegen dieser koevolutiv entstandenen extrem dichten Nischenpackung dann immun gegen das Eindringen weiterer Arten und in diesem Sinne stabil. In den letzten Jahren sind allerdings alternative Erklärungsweisen entwickelt worden, welche die enorme Diversität solcher Gesellschaften als eine Folge von Immigrationen erscheinen lassen und wo es weder ein Gleichgewicht und eine Stabilität noch eine Immunität und eine obere Diversitätsgrenze gibt.

Man sieht, daß die wichtigsten bisherigen Auffassungen über die Ursachen der Diversitätszunahme (damit indirekt der Erhaltung und Abnahme) heute umstritten sind. Dies ist offensichtlich von großer praktischer Bedeutung, da gezielte Erhaltung oder Management der biotischen Vielfalt natürlich davon abhängen, daß man die Folgen bestimmter Maßnahmen (z.B. Veränderung der Flächengröße von Lebensräumen, Veränderung bestimmter abiotischer Umweltfaktoren wie Nährstoffverfügbarkeit, Veränderungen interspezifischer Beziehungen durch verkehrsbedingte Einwanderungs- bzw. Einschleppungsmöglichkeiten) prognostizieren kann.

Nicht weniger umstritten ist das, was bisher über die ökologische Funktion der Diversität behauptet worden ist. Daß darüber relativ wenig zuverlässig bekannt ist, liegt nicht zuletzt daran, daß die Erhebungen bezüglich der Diversität sich ganz überwiegend nur auf taxonomische Einheiten bezogen (Artendiversität), die Erörterungen über die ökologische Funktion der Diversität sich aber darüber hinaus (keinesfalls stattdessen) auf Kenntnisse über die Diversität ökologisch bestimmter Einheiten (z.B. Lebensformen, Ökotypen) stützen müßten.

Die zentrale Frage bezüglich der Funktion von Vielfalt ist, ob es ökosystemare Schwellenwerte der Diversität gibt, deren Über- oder Unterschreiten zu abrupten Veränderungen in der Struktur und Funktionsweise von Ökosystemen führt, und insbesondere, ob es untere Grenzen gibt, jenseits derer das System zusammenbricht („Diversität-Stabilität-Problem"). Anders gesagt: Sind die Ökosysteme, weil sie so viele Arten enthalten, hinsichtlich der Besetzung ökologischer Funktionen mit Arten so redundant, daß eine Diversitätsminderung sich auf die Funktionsweise des Ökosystems nicht auswirkt, oder ist das nicht der Fall?

Die Frage ist angesichts der rasanten Abnahme der biotischen Vielfalt von größter Bedeutung; sie ist wohl die wichtigste des weltweiten „ökologischen Problems". Zur Zeit ist sie nicht beantwortbar. Vermutlich wird es keine generelle Antwort geben, sondern viele jeweils ökosystemspezifische. Das heißt, daß hier enormer Forschungsbedarf besteht.

Dynamik der Biodiversität

Biologische Vielfalt ist immer schon Wandlungen unterworfen gewesen. Kurzfristige Schwankungen, längerfristige Fluktuationen oder aperiodische Veränderungstrends gibt es hinsichtlich der Abundanz von Arten, aber auch hinsichtlich ihres Vorkommens in bestimmten Habitaten und hinsichtlich ihrer Arealgrenzen. Ein eindrucksvolles Beispiel sind die weltweiten ökologischen Veränderungen seit dem Ende der pleistozänen Eiszeiten. Zum Teil sind die hinter dieser natürlichen Dynamik ökologischer Systeme stehenden Kräfte noch wenig erhellt. Besonders schwer überschaubar wird diese Situation aber, seitdem anthropogene Einflüsse die „natürliche" (d.h. nicht von Menschen verursachte) Dynamik überlagern. Es besteht kein Zweifel darüber, daß – vor allem seit der industriellen Revolution – die Beeinflussung nahezu aller ökologischen Systeme der Erde durch den Menschen gewaltig zugenommen hat. Es ist aber im Einzelfall oft schwer oder gar unmöglich, abzuschätzen, welchen Anteil an der Dynamik biologisch-ökologischer Systeme anthropogenen Faktoren zur Last gelegt werden muß und wie groß die Rolle nicht-anthropogener Faktoren ist. Es besteht heute eine starke Tendenz, allein ökologische Veränderungen wie Rückgänge in der Abundanz oder das lokale und regionale Aussterben von Tierarten zu registrieren und dies ohne Überprüfung ausschließlich auf menschliche Einflüsse zurückzuführen. Dabei wird oft übersehen, daß es durchaus, etwa bei Vögeln oder Insekten, auch Arten mit Bestandszunahmen oder Arealerweiterungen gibt und daß sich bei anderen Arten Bestandsrückgänge im Rahmen langfristiger Populationsfluktuationen abspielen und damit reversibel sind (BERTHOLD et al. 1993). Um zu einer sachlichen Beurteilung zu kommen, welchen Einfluß der Mensch auf diese Dynamik in den Populationsdichten und den Verbreitungsgrenzen einzelner Arten sowie auf die Dynamik in der Artenzusammensetzung von Ökosystemen hat, sind die bereits vorhandenen Forschungsansätze über die Ursachen der zeitlich-räumlichen Dynamik von Biodiversität zu intensivieren und durch notwendigerweise langfristig und multidisziplinär angelegte Forschungsprojekte zu ergänzen.

Bedrohung der Biodiversität

Trotz der oben genannten, im Einzelfall berechtigten Bedenken ist kaum zu bezweifeln, daß naturbedingte (langsame) Veränderungen der Diversität gegenüber dem (raschen) anthropogen bedingten Rückgang heute nur wenig ins Gewicht fallen, sie werden von diesem zudem so überformt, daß sie kaum als solche isolierbar sind.

Das Ausmaß des Rückgangs wird erst deutlich, wenn nicht nach dem absoluten Verschwinden von Arten, sondern nach den auf Gebiete oder Ökosysteme bezogenen Verlusten gefragt wird. So befindet sich unter den in den alten Bundesländern ausgestorbenen Gefäßpflanzenarten nur eine allein hier vorkommende, damit jetzt völlig ausgerottete, während die Flora dieses Gebietes 63 Arten verlor (das sind 2,3% des Bestandes an Einheimischen und Archäophyten). Auf kleine Flächen bezogen ist die Nivellierung ungeheuer; so ergab eine Erhebung für die Zeit 1900-1970 auf Quadratkilometer-Raster in den Niederlanden einen Rückgang von 120 auf 70 Arten, die Zahl der Fundorte von allen 600 heute seltenen Arten der Niederlande ging um 80% seit der Jahrhundertwende zurück.

Genauere Kenntnisse über das Ausmaß des Rückganges haben wir, wie für die Frage des Ausmaßes der Diversität selbst, nur einerseits über einige Gebiete der gemäßigten Zone, andererseits auch hier nur über einige Organismengruppen (Farn- und Blütenpflanzen, Vertebraten, einige Evertebratengruppen). Hinsichtlich der vollständigen weltweiten Ausrottung ist uns nur für Vögel und Säuger Genaueres bekannt. Allgemeine Aussagen beruhen auf Extrapolationen und sind daher problematisch.

Das betrifft ebenso die Ursachen des Artenrückgangs. Auch diese sind lediglich für die o.g. Artengruppen genauer bzw. überhaupt untersucht. Für Farn- und Blütenpflanzen Deutschlands ergab sich, daß nicht die überregional wirkenden industriebedingten Faktoren wie Luftverschmutzung an erster Stelle stehen, sondern bisher mit weitem Abstand Vor-Ort-Eingriffe, die auch mit traditionellen Techniken möglich sind, insbesondere die Beseitigung von Sonderstandorten (wie Hecken, Feuchtstellen, Wald- und Wegränder und andere Übergangsbereiche). Für Vögel und Säuger zeigte sich, daß bezüglich der nachweislich ausgerotteten die vom Menschen gewollt oder ungewollt geförderte Invasion von ozeanischen Inseln durch Arten fremder Herkunft der wichtigste Faktor ist (für ca. die Hälfte der Fälle verantwortlich).

Aus dem oben über den Forschungsstand auf dem Gebiet der Ursachen der Diversitätssteigerung auf ökosystemarer Ebene Gesagten und der Tatsache, daß wir über die Vielfalt der meisten Ökosysteme nur sehr wenig wissen, wird erkennbar, daß wir kaum in der Lage sind, die Folgen der anstehenden globalen ökosystemaren Veränderungen, die für die Diversität vermutlich relevant sind, vorherzusagen, außer, daß mit dem Aussterben von Arten in gewaltigem Umfang zu rechnen ist. Dies folgt außer aus den Schlüssen, die man aus der Kenntnis bestimmter regionaler Vorgänge ziehen kann (z.B. Abholzung im Amazonasgebiet, in Südostasien, in Nordamerika und im pazifischen Gebiet), auch aus folgendem: Es kann als relativ gut gesichert gelten, daß im Bereich hoher Störungen die Vielfalt gesetzmäßig abnimmt bzw. regional verbreitete Arten durch weit verbreitete Kulturfolger ersetzt werden. Die laufenden und zu erwartenden Veränderungen gehören aber großenteils in diesen Bereich, und die Umgestaltung der Erdoberfläche durch die „Zivilisation" besteht wesentlich in einer standörtlichen Nivellierung, d.h. in einer Beseitigung der Extreme und damit der Lebensmöglichkeit vor allem der ohnehin seltenen und damit potentiell bedrohten Arten.

Über die weiteren Folgen des neben den Standortveränderungen wichtigsten Faktorenkomplexes, der raumstrukturellen Veränderung (vor allem Verinselung in Stadt- und Agrarlandschaften und damit Entstehung von Ausbreitungsbarrieren einerseits, andererseits Beseitigung von Ausbreitungsbarrieren und damit biologische Invasionen) läßt sich ebenfalls wenig Sicheres sagen. Verinselung führt einerseits durch Unterschreiten von Mindestgrößen des Areals für Populationen zur Diversitätsminderung. Andererseits nehmen dadurch Grenzbereiche zwischen Ökosystemen stark an Ausdehnung zu; sie können besonders reich an Arten sein. Durch den Prozeß biologischer Invasionen tritt an die Stelle der spätestens seit dem Tertiär bestehenden mehreren biogeographischen Regionen von Organismen tendenziell wieder nur eine Region. Dies dürfte zur Abnahme der absoluten Artenzahlen beitragen (wie es ja bereits seit Aufkommen des Überseeverkehrs durch Ausrottungen in vorher isolierten Gebieten in erheblichem Umfange geschieht, s.o.), aber andererseits zu einer Zunahme der Artenzahl in einzelnen Gebieten führen.

Nicht haltbar ist die häufig geäußerte Auffassung, daß „menschlicher Einfluß" zwangsläufig zu einem Rückgang der Biodiversität führen müsse. Die traditionellen europäischen Landbewirtschaftungsformen haben in ihren Gebieten eine erhebliche Zunahme der Vielfalt an Arten und Lebensgemeinschaften bzw. Ökosystemen im Gefolge gehabt. Durch eine angemessene Landnutzungsweise könnte auch heute der Rückgang nicht nur aufgehalten werden, es könnten auch Bedingungen für die Steigerung der Diversität auf Ökosystem- und Gebietsebene geschaffen werden. Um dies effektiv tun zu können, ist allerdings unsere Kenntnis der Bedingungen, unter denen sich hohe Diversität einstellt, wie dargestellt, nicht ausreichend.

Wie bereits erwähnt, sind die einschlägigen Theorien über die Funktion der Diversität umstritten, und darum ist bezüglich der ökologischen Folgen des Diversitätsrückganges insbesondere für die Stabilität der Ökosysteme eine zuverlässige Prognose nicht möglich. Das heißt aber auch, daß nicht auszuschließen ist, daß die Ausrottung ein sehr hohes Risiko mit sich bringt.

Internationale Aktivitäten

Die mit der Biodiversität und ihrer Bedrohung verbundenen Probleme lassen sich nur zum geringen Teil auf nationaler Ebene lösen. Die Einsicht, daß regionales oder sogar globales Handeln not tut, hat sich deshalb zunehmend durchgesetzt und zu völkerrechtlichen Verträgen geführt (z. B. Biodiversitätskonvention 1992). Zur Zeit sind über 80 solcher Verträge in Kraft (GROOMBRIDGE 1992). Da ihre Entstehungsgeschichte keineswegs das Bild einer koordinierten Planung bietet, gibt es in ihrer Zielsetzung einerseits Überschneidungen, andererseits Lücken. Auch die Erfolgsbilanz der Vereinbarungen fällt sehr unterschiedlich aus. Als besonders effektiv erwies sich das Übereinkommen über den internationalen Handel mit gefährdeten Arten freilebender Tiere und Pflanzen (Washingtoner Artenschutzübereinkommen, CITES). Ein Grund dafür könnte darin liegen, daß sich seine Durchführung auf bereits vorhandene und funktionierende administrative Strukturen (Zoll, Naturschutzbehörden usw.) stützen konnte. Als relativ erfolgreich gelten ebenfalls die Ramsar Convention, (betrifft den Schutz von Feuchtgebieten mit internationaler Bedeutung) und die World Heritage Convention, die sich sowohl auf natürliche wie kulturelle Objekte bezieht. (Das Schicksal der angeblich geschützten Stadt Dubrovnik im Balkankrieg läßt allerdings an der Wirksamkeit dieser Konvention zweifeln.)

Es würde den Rahmen dieser Schrift sprengen, wenn man alle internationalen Verträge und die daneben aufgelegten einschlägigen Programme auch nur aufzählen und kurz kennzeichnen wollte. Besonderes Gewicht hat hier sicher das „Übereinkommen zur biologischen Vielfalt" (Biodiversitätskonvention) von Rio de Janeiro, das 1993 von Deutschland ratifiziert wurde.Die Umsetzung der Verträge ins praktische Handeln ist mit Erfahrungsgewinn und Lernprozessen verbunden, die auf die Zielsetzung der Verträge und die Methoden ihrer Verwirklichung zurückwirken können. Zwei Tendenzen, die diesem Prozeß entsprangen, seien besonders erwähnt.

Die eine betrifft die gerechte Verteilung von Kosten und Nutzen der Maßnahmen zur Erforschung und Erhaltung der Lebensvielfalt. Wie schon erwähnt, weisen tropische Gebiete die größte terrestrische Biodiversität auf. Es ist nicht einzusehen, daß man die Kosten für den Schutz dieser Vielfalt, die der gesamten Menschheit Nutzen bringen, nur den Ländern auferlegt, die in den Tropen liegen. Außerdem sind solche Maßnahmen ohne die Zustimmung der lokalen Bevölkerung auf Dauer ohnehin nicht durchzuhalten. Neuere Überlegungen richten sich also auf die Möglichkeiten, Nutzung und Schutz der Biodiversität zu verbinden, etwa bei der Holzwirtschaft in tropischen Wäldern oder bei den Beständen der Elefanten und Leoparden in Afrika. Dieser Ansatz wird auch von der Biodiversitätskonvention verfolgt, die gleichermaßen die Erhaltung und die nachhaltige Nutzung der biologischen Vielfalt sowie die ausgewogene und gerechte Aufteilung der sich aus der Nutzung ergebenden Vorteile zum Ziel hat.

Die zweite Tendenz liegt in dem noch wachsenden Bemühen, einen globalen Überblick über Zustand und Wandel der Biodiversität zu gewinnen. Sowohl die AGENDA 21 (das Aktionsprogramm der Konferenz über Umwelt und Entwicklung in Rio de Janeiro 1992) als auch die „Global diversity strategy", die gemeinsam von WRI, IUCN, UNEP, FAO und UNESCO verabschiedet wurde, bekennen sich zu diesem Ziel. Es seien hier zwei herausragende Publikationen als Meilensteine auf diesem Weg genannt: Die 1992 erschienene Studie „Global Biodiversity" des World Conservation Monitoring Centre (WCMC), der bislang vollständigste Zustandsbericht über die globale Biodiversität (WCMC 1992) und das 1995 erschienene Buch „Global Biodiversity Assessment" (GBA), das in einem für die Biologie bislang einmaligen weltweiten Prozeß unter Beteiligung von über 1000 Experten die wissenschaftlichen Grundlagen, Theorien und Erklärungsansätze zum Thema Biodiversität zusammengestellt hat (UNEP 1995).

Wichtige internationale Programme zur Erforschung und Bewahrung der Biodiversität finden im Rahmen folgender Initiativen statt: UN Umweltprogramm (UNEP); DIVERSITAS (gemeinsame Initiative von SCOPE, IUBS, UNESCO, ICSU, IGBP-GCTE und IUMS); Mikrobielle Diversitas 21 (Aktionsplan von IUBS und IUMS), das Programm „Man and the Biosphere" (MAB) der UNESCO, BioNET International und andere. Für einen vollständigeren Überblick kann das Werk von STORK & SAMWAYS (1996) empfohlen werden. Diesem Ziel sind schon viele der existierenden Verträge und Organisationen verpflichtet, aber neue Aktivitäten kommen ständig hinzu: Zu nennen sind als Beispiele die „Sytematics Agenda 2000" und das „Global Terrestrial Observing System (GTOS)".

Systematics Agenda 2000 wurde von wissenschaftlichen Gesellschaften (American Society of Plant Taxonomists, Society of Systematic Biologists, Willi Hennig Society und Association of Systematics Collections) ins Leben gerufen und hat eine möglichst vollständige Erfassung der Artenvielfalt in den nächsten 25 Jahren als Ziel (Deutsche Ausgabe: Konsortium Systematics Agenda 2000, 1996). Mittlerweile ist dieses Programm Teil von DIVERSITAS.

GTOS hängt eng mit dem UNESCO-Programm „Mensch und Biosphäre (MAB)" zusammen. Es handelt sich dabei um ein weltweites, vereinheitlichtes Überwachungssystem, das Veränderungen der terrestrischen Ökosysteme erfassen soll. Angestrebt werden ein Netzwerk von zunächst 50-100 Probeflächen unterschiedlichen ökologischen Charakters und die Kooperation mit bereits bestehenden anderen Netzwerken und Organisationen wie GCOS (Global Climate Observing System), START (Global Change System for Analysis, Research and Training) u.a. (HEAL et al. 1993).

Auf europäischer Ebene wurde im Rahmen der ESF ein „Systematic Biology Network" eingerichtet. Es stellt eine Kommunikationsplattform für europäische Systematiker dar, gibt einen Rundbrief heraus und organisiert Konferenzen, die zum Ziel haben, die europäischen Ressourcen zu erfassen und Programme im Rahmen von ESF und EU vorzubereiten. Ziel ist, die in Europa vorhandenen hervorragenden potentiellen Möglichkeiten zur Erforschung der weltweiten Biodiversität zu bündeln und über Förderprogramme auszuschöpfen. Ein mittelfristiges Ziel ist die Gründung einer Gesellschaft europäischer Systematiker.

Mit Systematikern in aller Welt arbeitet das am Zoologischen Museum Amsterdam eingerichtete Expert Center for Taxonomic Identification (ETI) zusammen. Unter der Bezeichnung „World Biodiversity CD-ROM" sind bereits acht interaktive Programme verfügbar. Die Themen (z.B. „Lobsters of the World", „Birds of Europe" u.ä.) werden so behandelt, daß sie als Bestimmungswerke für Nichtspezialisten und auch in der Lehre eingesetzt werden können und sogar einen gewissen Unterhaltungswert besitzen. Der Vertrieb erfolgt über einen Wissenschaftsverlag mit Sitz im In- und Ausland.

Biodiversitätsforschung in Deutschland

Das vorhandene Forschungspotential

Die Erforschung der Artenvielfalt hat in den letzten Jahrzehnten forschungspolitisch weltweit nur eine untergeordnete Rolle gespielt. Das zeigt sich z.B. darin, daß in dieser Zeit nur etwa 1 % der bekannten Arten Gegenstand wissenschaftlicher Forschung waren (HASKELL & MORGAN 1988). Eine Zusammenstellung der Veröffentlichungen über Vielborster (Polychaeta) in den Jahren 1983 und 1984 ergab (BARNES 1989), daß über 220 bzw. 466 (von ca. 13000 bekannten) Arten nur in einer Veröffentlichung etwas zu erfahren war, über 36 bzw. 27 Arten in zwei Veröffentlichungen, über 13 bzw. 8 Arten in drei Veröffentlichungen, über 4 bzw. 3 Arten in vier Veröffentlichungen. Nur 11 Arten waren ganz oder teilweise Gegenstand von fünf und mehr Veröffentlichungen. Diese exemplarische Zusammenstellung belegt, wie schmal die Basis für Verallgemeinerungen ist. Das zeigte sich auch bei einer Literaturübersicht über die Fortpflanzungsbiologie der Schlangensterne (Ophiuroidea), von denen in den Lehrbüchern steht, sie hätten eine bestimmte Larve (Pluteus-Larve), während einige Arten Brutpflege betrieben. Die Übersicht ergab, daß von den etwa 2000 bekannten Arten 75 eine Larve haben und 55 Brutpflege treiben. Was wir über die Fortpflanzungsbiologie der Schlangensterne wissen, beruht also auf der Kenntnis von nur 6 % der Arten.

Indirekt sind diese exemplarischen Zahlen ein Hinweis auf das Forschungspotential, das für die Erforschung der Biodiversität zur Verfügung steht. Gemessen an der Größe der Aufgabe ist es ungewöhnlich defizitär. Das gilt weltweit, aber in besonderem Maße gilt es für Deutschland. Wissenschaftlicher Nachwuchs qualifiziert sich durch die Anfertigung einer Doktorarbeit. Die Zahl der Doktorarbeiten ist deshalb ein gutes Indiz für die Forschungsaktivität in einer wissenschaftlichen Disziplin.

Eine Auswertung der Themen der abgeschlossenen Promotionen in den biologischen Fächern in den Jahren 1985-1990 an 29 Universitäten in den alten Bundesländern ergab, daß nur 13,3 % einem Thema gewidmet waren, das etwas mit Biodiversität zu tun hat, und nur 127 von 3900 Arbeiten hatten ein spezifisch systematisches Thema (Tab. 1). Nach der Vereinigung der Teile Deutschlands dürfte dies auch auf die neuen Bundesländer zutreffen. Biodiversität spielt in der biologischen Forschung in Deutschland eine geringe, Taxonomie und Systematik so gut wie gar keine Rolle mehr. Zellbiologische, genetische, molekularbiologisch-biochemische Arbeiten haben bei den Promotionen mit 87 % ein erdrückendes Übergewicht.

Jede Erforschung der Biodiversität, auch auf der genetischen und ökologischen Ebene, stützt sich auf die Unterscheidung von Arten oder muß sich mit der Zugehörigkeit zu Arten auseinandersetzen. Hierbei sind Systematiker gefragt. Daß, wie eben gesagt, nur etwas über 3 % der Doktorarbeiten in den Jahren 1985-1990 ein systematisches Thema hatten, ist nicht überraschend, denn:

a) eine Auswertung der Vorlesungsverzeichnisse der Universitäten in den alten Bundesländern für das Sommersemester 1990 und das Wintersemester 1990/91 hat ergeben, daß die Lehrenden, die Lehrveranstaltungen in Morphologie und Systematik anbieten, nur zu 20 % zu denen gehören, die in diesem Fachgebiet auch forschend tätig sind. 80 % der Lehrenden unterrichten Biosystematik also „fachfremd". Da ihre Forschungsinteressen woanders liegen, ist nicht zu erwarten, daß sie ein Bedürfnis bzw. die Kompetenz haben, mit moderner Methodik hervorragenden Nachwuchs für dieses Fachgebiet heranzuziehen.

Tab. 1.: Zahl der Dissertationen in den Bereichen „Biodiversität" und „Systematik" im Verhältnis zur Gesamtzahl der an 29 Universitäten der alten Bundesländer in den Jahren 1985-1990 in den biologischen Fächern abgeschlossenen Promotionen. 71% der Universitäten haben auf die Umfrage geantwortet. Die hier nicht genannten Universitäten machten entweder keine Angaben oder bieten keine Möglichkeit der Promotion in Biologie.

Universität	Arbeiten insgesamt	Arbeiten zum Thema Biodiversität (incl. Systematik)	Arbeiten mit systematischem Thema
Aachen(RWTH)	63	5	0
Bayreuth	38	9	2
Berlin FU	175	13	2
Bielefeld	70	7	0
Bochum	168	4	2
Bonn	234	56	12
Braunschweig	107	6	1
Bremen	76	19	4
Darmstadt	100	5	3
Erlangen	71	3	1
Essen	45	4	0
Frankfurt	138	16	4
Göttingen	218	40	9
Gießen	172	12	2
Hamburg	229	77	15
Heidelberg	339	19	2
Hohenheim	78	7	1
Karlsruhe	75	5	3
Kiel	160	66	8
Konstanz	165	16	2
Mainz	199	23	5
Marburg	143	15	9
Münster	136	16	2
Oldenburg	33	6	2
Osnabrück	52	9	5
Regensburg	131	15	9
Saarbrücken	38	1	0
Tübingen	330	42	21
Würzburg	121	5	1
Gesamtzahl	3.904	521	127
Prozent	100%	13,3%	3,3%

b) Professoren, die für den Bereich Zoologie diese Kompetenz besitzen, sind an deutschen Universitäten Mangelware. Als Beleg mag eine Auswertung der Angaben der vom Verband Deutscher Biologen herausgegebenen Aufstellung: FISCHER-KOCHEMS/BECK „Die biologischen und biologienahen staatlichen Forschungsstätten in der Bundesrepublik Deutschland", Stuttgart 1989, dienen, die noch immer Bestand haben dürften. Diese Aufstellung ist nicht ganz vollständig, enthält vor allem keine Angaben über die neuen Bundesländer, gibt aber trotz der Lücken ein relativ treues Abbild der Wirklichkeit, wie Kontrollstichproben anhand der Vorlesungsverzeichnisse zeigen. Von den 328 Professoren zoologischer Provenienz, über die diese Aufstellung Angaben enthielt, waren nur 26 (= 8 %) dem Fachgebiet Systematik zuzurechnen.

c) Zwar wird an den Universitäten der alten Bundesländer Systemantik gelehrt, aber als Forschungsgebiet ist sie nur an wenigen Universitäten vertreten. Nach FISCHER-KOCHEMS/BECK wird das Fachgebiet Systematik nur an 14 (= 34%) von 41 Universitäten, für die über das Fach Zoologie Angaben vorliegen, durch einen oder mehrere Professoren vertreten. Die Systematik steht in dieser Hinsicht schlechter da als etwa das Fachgebiet Ethologie (38 %), obgleich Lehrveranstaltungen in Morphologie und Systematik zum Pflichtprogramm jedes Biologiestudenten gehören.

Fazit dieser Analyse: Die Operationsbasis im Fachgebiet Systematik reicht im Fach Zoologie nicht aus, um die Breite zu gewährleisten, die für die Erforschung der Biodiversität notwendig ist. Ähnliches läßt sich für die Botanik feststellen. Hier ist vor allem die Bearbeitung der Höheren Pflanzen ins Hintertreffen geraten. Die Stagnation der Phanerogamensystematik – auch in der Lehre – führt zu einem Mangel an Nachwuchs. Bezeichnend dafür sind die Schwierigkeiten bei der Neubesetzung systematisch-botanischer Lehrstühle. Hier droht in Deutschland die Vernachläßigung eines Faches zum Abriß einer einst glänzenden Tradition zu führen, und das in einer Situation, in der das betroffene Fach dringend gebraucht wird.

Infrastruktur zur Erforschung der Biodiversität

Die Erforschung der Biodiversität setzt eine adäquate und funktionsfähige Infrastruktur voraus (SCHMINKE 1994, 1996). Dazu gehören:
a) funktionierende Sammlungen
b) zentrale Datenbanken
c) zentrale Probensortierzentren („sorting centers")
d) ein nationales Erfassungszentrum

Sammlungen

Diese befinden sich überwiegend in naturkundlichen und naturforschenden Museen. Als herausragende Standorte von Sammlungen sind zu nennen: Berlin, Bonn, Braunschweig, Dresden, Eberswalde, Frankfurt/M., Görlitz, Hamburg, Jena, Karlsruhe, München und Stuttgart. Kleinere Museen, die jedoch bisweilen bedeutende Spezialsammlungen beherbergen, gibt es an zahlreichen anderen Orten.

Die Unterbringung der Sammlungen erfordert Raum, ihre Pflege und dokumentarische Erfassung sind arbeitsaufwendig. Beides ist ohne Kosten nicht zu haben. Leider sind die meisten Museen unterbesetzt. Hierin paust sich die erwähnte Nachrangigkeit dieses Zweiges biologischer Forschung durch die Wissenschaftspolitik durch. Angesichts des Artenschwundes und der ökologischen Veränderungen auf der Erde müßten Mehrung und Pflege von Sammlungen wesentlich höhere Priorität besitzen. Gut dokumentierte Sammlungen stellen einen unersetzbaren wissenschaftlichen Wert dar, und Verluste von Sammlungen entsprechen einem nicht zu verantwortenden Verlust an Wissen. Sie enthalten Informationen nicht nur für die Systematik, sondern auch für Morphologie, Biogeographie, Faunistik und Floristik, Genetik, Ökologie und durch ihre Daten über Sammler und Expeditionen sogar für die Biologiegeschichte. Voraussetzungen sind allerdings eine gute Dokumentation und eine Zugriffsmöglichkeit auf diese Informationen. Letzteres fehlt leider auch in den großen und bedeutenden Sammlungen. Das Heraussuchen der Daten in „Handarbeit" für eine spezielle Frage ist oft so langwierig, daß sie von dem knappen Museumspersonal kaum in vertretbaren Zeiträumen zu leisten ist. Abhilfe könnte hier der Einsatz von EDV schaffen. Aber auch dabei stellt der Mangel an Personal und finanziellen Mitteln ein Hindernis dar. Selbst wenn das Geld für die Apparate vorhanden wäre, müßte ein Wissenschaftler, der eine große Sammlung betreut, allein mit der Eingabe der Daten viele Jahre, wenn nicht Jahrzehnte verbringen.

Zentrale Datenbanken

Die Vorarbeiten, die Systematiker mit erheblichem Zeitaufwand leisten müssen, bevor sie überhaupt mit ihren eigentlichen Untersuchungen beginnen können, hängen großenteils mit den systematischen Nomenklaturregeln zusammen. Sie sind gewissermaßen die „Verwaltungsvorschriften" der Systematik. So bürokratisch sie auch bisweilen anmuten, dienen sie doch der Klarheit, Eindeutigkeit und Verbindlichkeit systematischer Aussagen und sind insofern unentbehrlich. Ihre Beachtung zwingt den Systematiker zum Aufbau einer Reihe von Spezialkarteien. Zu diesen Karteien gehören:

a) Literaturkarteien

Am Anfang jeder systematischen Untersuchung steht die Einarbeitung in die Literatur. Für die ins Auge gefaßte Pflanzen- oder Tiergruppe muß eine vollständige Bestandsaufnahme der beschriebenen Arten gemacht werden. Es reicht nicht, nur die Erstbeschreibung zu berücksichtigen, es müssen auch alle folgenden Arbeiten erfaßt werden, in denen für eine bestimmte Art weitere Informationen geliefert werden. Systematiker können ihre Literaturrecherche nicht auf Publikationen der letzten 5-10 Jahre beschränken, wie das bei manchen anderen Fachrichtungen der Biologie möglich und auch üblich ist. Sie müssen das gesamte Schrifttum über „ihre Gruppe" seit LINNAEUS und teilweise davor überblicken. Hinzu kommt, daß besonders in den letzten drei Jahrzehnten die Menge der Informationen drastisch angestiegen ist. Literaturrecherche ist zunächst völlig unproduktive Arbeit, nimmt aber die Zeit der Systematiker erheblich in Anspruch.

b) Nomenklatorische Karteien

Die Namen einzelner Taxa haben teilweise abenteuerliche Odysseen hinter sich, so daß viel detektivische Arbeit nötig ist, um zu rekonstruieren, welcher

Name zu welchem Taxon gehört. Ursache kann die Neubeschreibung von Arten sein, die eigentlich schon benannt sind, oder die mehrfache Korrektur der systematischen Einordnung. Zwei Wissenschaftler, die unabhängig voneinander einer solchen Recherche nachgehen, können in komplizierten Fällen sogar zu ganz unterschiedlichen Ergebnissen kommen und auf diesen aufbauend zusätzliche nomenklatorische Verwirrung stiften. Das Abklären der Synonyme und Homonyme ist wie die Literaturrecherche eine sehr zeitraubende Arbeit, die aber im Interesse der nomenklatorischen Eindeutigkeit notwendig ist.

c) Verbreitungskarteien

Wer Verbreitungsanalysen machen will, muß zunächst einmal Punkt für Punkt jeden Fundort in eine Karte eintragen, für den eine Art in der Literatur gemeldet worden ist. Diese Arbeit wird häufig dadurch erschwert, daß Informationen in Publikationen zu finden sind, in denen man sie nicht vermutet. Zoogeographisch arbeitende Systematiker müssen zusätzlich viel Literatur allgemein-faunistischen oder ökologischen Inhalts auf Verdacht überprüfen. Die Trefferquote dabei wird je nach dem Gespür des einzelnen Wissenschaftlers unterschiedlich hoch ausfallen. Für diese zusätzliche Literaturarbeit und das Verifizieren der Fundorte sowie ihre Eintragung in eine Karte gilt dasselbe wie vorher: Es ist Vorarbeit mit enormem Zeitaufwand.

Neben diesen Karteien sind für bestimmte Organismengruppen noch zusätzliche nötig. So etwa im Falle der Mikrophyten Ikonotheken wie die berühmte „FRITSCH Collection" von Algenbildern in Windermere, England. Viele Mikrophyten lassen sich nicht konservieren und sind nur von wenigen Beobachtern gesehen worden, deren Zeichnungen und Beschreibungen mitunter in sehr schwer zugänglicher Literatur verborgen sind. Der immer stärker ausgedünnte Bestand der Formenkenner schafft es nicht mehr, in regelmäßigen Abständen Bestimmungswerke und Floren zusammenzustellen und zu aktualisieren. Man muß deshalb selbst die Literatur sichten, und viele Spezialisten haben sich ihre Sammlungen von Abbildungen und Diagnosen zusammengetragen. In der jüngsten Vergangenheit haben einige jüngere, vornehmlich amerikanische und japanische, aber auch europäische Kollegen versucht, mit Loseblatt-Werken diesem Mangel abzuhelfen. Auch EDV wird hierfür eingesetzt, aber wegen der damit verbundenen Investitionen und Dauerkosten großenteils noch in Einzelaktionen und nur mit regionaler Bedeutung.

Karteiarbeit ist Buchhaltertätigkeit. Sie bringt keine neuen Ergebnisse hervor. Die Nomenklaturregeln zwingen dazu, daß alle systematischen Karteien ein Ziel erreichen: Vollständigkeit. Unvollständigkeit bedeutet automatisch zusätzliche unproduktive Arbeit für die Fachkollegen, da wegen der Nomenklaturregeln Fehler und Fehlbeurteilungen aus guten Gründen nicht einfach ignoriert werden können. Entlastung von diesen unproduktiven Buchhaltertätigkeiten würde zu einer enormen Effektivierung systematischer Arbeit führen, da sie eine raschere Konzentration auf wissenschaftlich kreative Produktion ermöglichte, ohne die bisher übliche langwierige Vorarbeit.

Abhilfe können nur zentrale Datenbanken schaffen, in denen ein für allemal besagte Karteien für alle abrufbar gespeichert werden, so daß nicht jeder, der sich in eine Organismengruppe einarbeitet, dieselbe Arbeit wiederholen muß. Systematische Arbeit ist auf periodisch sich wiederholende umfassende Bestandsaufnahmen des Kenntnisstandes angewiesen, damit die weitere Forschung eine solide Basis hat. Statt wie bisher darauf warten zu müssen, bis sich im Abstand von Jahrzehnten jemand aufrafft, diese unverzichtbare Kompilation zu leisten, ermöglichte die Datenverarbeitung es, jederzeit den Überblick zu behalten und jedem, der eine Zusammenfassung anstrebt, die Mühe umständlichen Recherchierens zu ersparen. Auch eröffnete die Datenverarbeitung die Chance, in Kooperation aller Spezialisten für eine Organismengruppe das zu erzielen, was alle gesondert bisher angestrebt, aber einzeln nie richtig erreicht haben: die unverzichtbare Vollständigkeit.

Außer für den Aufbau der Karteien werden zentrale Datenbanken für die Erstellung von Faktendokumentationen gebraucht. Während man in anderen Ländern (z.B. Kanada, Australien) daran geht, solche Faktendokumentationen mit allen verfügbaren Daten über Biologie und Lebensweise aller in diesen Ländern vorkommenden Arten aus der Literatur zusammenzutragen, mühen sich in Deutschland jeder Spezialist auf eigene Faust mit seinem PC und jede Institution mit ihrem eigenen Computersystem. Gewöhnlich und verständlicherweise beschränkt man sich bei solcherart Datenerfassung auf den engen Bereich, für den man sich zuständig erachtet. In der Folge erschweren unterschiedliche Systeme den Datenaustausch. Wegen der Überlappung der „Zuständigkeitsbereiche" kommt es außerdem zu Mehrfacherfassungen, und es entstehen Datensammlungen unterschiedlicher Vollständigkeit.

Die unbefriedigende Lage ist erkannt worden und Bemühungen, sie zum Besseren zu wenden, sind im Gange. So arbeiten die größeren deutschen Naturmuseen zur Zeit gemeinsam daran, ihre EDV-gestützten Datenbanken zu harmonisieren. Es gilt, Standards zu schaffen und zu akzeptieren, die die wünschenswerte Vielfalt nicht einschränken. Da solche Banken vielerorts erst im Entstehen sind, ist der Zeitpunkt für ein solches Unterfangen noch günstig. Er darf allerdings auch nicht versäumt werden, wenn Fehlinvestitionen an Zeit, Geld und Arbeit vermieden werden sollen.

Im Bereich der Botanik gibt es seit längerem Bestrebungen, bereits bestehende Pflanzendatenbanken zu standardisieren und miteinander zu verknüpfen. Hintergrund ist besonders die Erfassung des Bestandes an Lebendpflanzen in Botanischen Gärten. 1987 wurde das sog. ITF (International Transfer Format) vom Botanic Gardens Conservation Secretariat in Kew (Großbritannien) als Standard vorgeschlagen, das den Austausch zwischen Datenbanken Botanischer Gärten erleichtern sollte (Botanic Gardens Conservation Secretariat 1987). Dieses Datenbankenformat wurde nur von wenigen Botanischen Gärten in Deutschland übernommen, es wurden aber Konvertierungsprogramme entwickelt, die den Datenaustausch zwischen ITF-Datenbanken und solchen mit anderen Datenbankstrukturen ermöglichen.

Für die Bedürfnisse der Biosystematik ist es nicht von Nachteil, wenn die finanziellen Anstrengungen, die nötig sind, in Verbindung mit Problemen in angewandten, praxisnahen Fachrichtungen aufgebracht werden, solange ihre Gesetzmäßigkeit beachtet wird und andere Bereiche der Biosystematik nicht auf Dauer ausgeschlossen bleiben.

Vor dem Hintergrund der Sicherung und Dokumentation genetischer Ressourcen bei Kultur-, Zier- und Heilpflanzen gibt es in neuerer Zeit Anstöße der Bundesministerien für Ernährung, Landwirtschaft und Forsten (BML) und für Forschung und Technologie (BMBF) zur Erstellung einer zentralen Datenbank, anhand derer ermittelt werden kann, ob und gegebenenfalls wo eine für irgendwelche Zwecke benötigte „genetische Ressource" (lebende Pflanze, Same oder Gewebekultur, aus der man den Organismus selbst oder wenigstens wesentliche Gene erhalten kann) vorhanden ist. Diese Projekte zielen in erster Linie auf Lebendsammlungen an Botanischen Gärten oder Samenbanken ab. Dabei werden leistungsfähige Programme eingesetzt – wie die an der Universität Ulm entwickelte systematisch-taxonomische Datenbank SYSTAX – die die Möglichkeit zur Erfassung der Lebendsammlungen und auch zur Dokumentation von Herbaraufsammlungen bieten.

Wegen der zahlreichen anwendungsbezogenen Fragestellungen der Biodiversitätsforschung ist es wünschenswert, die Dokumentation von Sammlungsbeständen in Datenbanken rasch voranzutreiben. Dabei sollte eine Querverbindung zu den Datenbanken der Lebendsammlungen und Genbanken von vornherein berücksichtigt und installiert werden. Im Bereich der Botanischen Gärten gibt es bereits Vertreter, die ihre Pflanzendatenbanken über Internet zugänglich gemacht haben. Es wird diskutiert, ob eine zentrale Pflanzendatenbank Botanischer Gärten in Zusammenarbeit mit der Zentralstelle für Agrardokumentation und Information (ZADI) in Bonn betrieben werden sollte. Diese Stelle hat bereits Zugang zu Daten floristischer Kartierungen und aus dem Agrarsektor (Pflanzenpathogene) (STÜTZEL 1994).

Zum Themenkreis „Datenbanken Biodiversität" gehören sicherlich auch Bestandssicherung und Erhebung von für die Biodiversitätsforschung relevanten Daten in tropischen Sammlungen. Zu diesem Zweck bietet sich die Förderung von Partnerschaften zwischen Institutionen mit speziellem Know-how im Bereich Sammlungen in Industrie- und solchen in Drittweltländern an, („Twinning"), bei denen z.B. der Fortbestand wichtiger Sammlungen nicht gewährleistet ist.

Zentrale Probensortierzentren

Mit deutschen Forschungsschiffen und von Expeditionen in ferne Länder werden Unmengen von Proben ins Land gebracht. Ihr Verbleib ist nicht verbindlich geregelt, oder, wo es wie bei F.S. METEOR Absprachen gibt, ist ihre Einhaltung nicht immer gesichert. Meist nimmt der Spezialist die Proben mit, die er gesammelt hat, um aus ihnen Vertreter der Organismengruppe heraussuchen zu lassen, die er wissenschaftlich bearbeitet. Der meist erhebliche und wissenschaftlich wertvolle Beifang wandert sortiert oder unsortiert aufs Regal und geht oft für die Wissenschaft verloren. So verkommt manches kostbare Material, weil es nirgendwo registriert wird und potentielle Interessenten nur durch Zufall erfahren können, daß es existiert.

Proben sortieren ist eine zeitraubende Angelegenheit, mit der der Spezialist sich zu recht nur selten selbst beschäftigt. Nur manche Museen haben in begrenztem Umfang Eigenmittel für die Vergabe solcher Tätigkeiten, die aber bei weitem nicht ausreichen. Daher werden Prioritäten im Interesse der eigenen Forschungsprojekte gesetzt. Meist wird dieser Bereich aber mit Drittmitteln für Hilfskräfte abgewickelt, die immer wieder neu eingearbeitet werden müssen. Wegen der kurzfristigen Beschäftigung langt es bei den Hilfskräften nur zu einem groben Vorsortieren. Sie kommen selten so weit, selbst zu erkennen, was interessant wäre, und übersehen viele seltene Objekte.

Es spricht deshalb vieles dafür, diese Aufgabe in besonderen Einrichtungen zu zentralisieren und damit folgende Ziele zu verwirklichen:
- alle Proben werden registriert;
- Fachkräfte können langfristig eingestellt werden, so daß sie die Erfahrung und Routine erwerben, das Gemeine vom Besonderen zu trennen;
- diese Fachkräfte lernen, Material bis zu einem niedrigen taxonomischen Niveau zu sortieren, das für den Fachmann interessant ist;
- der Spezialist wird von einer aufwendigen Tätigkeit entlastet,
- das Sortieren wird effektiver und kostengünstiger als mit den immer wieder neuen Hilfskräften, bei denen viel bezahlte Zeit vergeht, bis sie einigermaßen eingearbeitet sind;
- jede Probe wird voll aufgearbeitet, es bleibt kein „Beifang", denn alles wird sortiert und das Ergebnis öffentlich bekannt gemacht;
- Spezialisten für bestimmte Organismengruppen können gezielt angesprochen werden;
- der Verbleib des Materials nach der wissenschaftlichen Bearbeitung kann effektiver sichergestellt werden.

Jeder, der z.B. mit dem Probenzentrum in Brest/Bretagne zu tun gehabt hat, ist von dessen Leistungsfähigkeit beeindruckt. Diese wird besonders durch die gute fachliche Betreuung durch verantwortliche Wissenschaftler und technische Kräfte sichergestellt. Wichtig dabei ist, daß für das Grundgerüst an Personal eine langfristige Perspektive existiert, damit Kontinuität gewahrt werden kann. In diesen Rahmen einzugliedernde vorübergehend beschäftigte Kräfte können dadurch viel effektiver betreut und eingearbeitet werden. Vieles spricht dafür, ein solches Sortierzentrum mit einer taxonomischen Fachinstitution zu verknüpfen. Allerdings kann dies nicht kostenneutral erfolgen, da die umfangreiche Arbeit nicht von Wissenschaftlern an diesen Instituten nebenbei erledigt werden kann. Die gegenwärtigen Überlegungen zur Erweiterung der der Biologischen Anstalt Helgoland angegliederten Taxonomischen Arbeitsgruppe um ein „Sortierzentrum" für Expeditionsmaterial deutscher Forschungsschiffe verfolgen eine entsprechende Richtung.

Nationales Erfassungszentrum

Sinnvolle Entscheidungen im Umweltbereich setzen voraus, daß der Bestand an Arten und deren Fluktuation sowie der Zustand der heimischen Ökosysteme bekannt ist. Solche Entscheidungen sind unumgänglich, weil die in Deutschland existierenden gesetzgeberischen Vorgaben zum Schutz der Ökosysteme und Arten sie verlangen. Da jedoch die erforderlichen Grundlagen weitgehend fehlen, sind wissenschaftlich begründete Entscheidungen, zumindest was die Tiere betrifft, zur Zeit nur eingeschränkt möglich.

Um z.B. eine regionale Fauna einschätzen zu können, müßte man fähig sein, die Verbreitung der sie bildenden Arten zu überblicken. Dazu in die Lage versetzt wird man nur über umfassende Kartierungen, die das Ziel verfolgen, den gegenwärtigen Bestand der Arten in Deutschland zu erfassen. Zur Darstellung der erfaßten Daten werden in der Regel Karten einer bestimmten Projektion verwendet, die mit einem Raster von 10x10-km-Quadraten überzogen sind. Jedes Vorkommen wird mit einem Punkt in dem entsprechenden Quadrat markiert. Zusammengefaßt ergäben solche Karten der einzelnen Arten Atlanten, wie sie in Deutschland flächendeckend nur für die Vögel, Großpilze sowie die Farn- und Blütenpflanzen existieren. Für verschiedene andere Gruppen (z.B. Mollusken) existieren regional begrenzte Atlanten – etwa auf Landesebene. Oft und bedauerlicherweise sind Ergebnisse lokaler Kartierungen nicht veröffentlicht, sondern bei Kommunal- und Landesbehörden „vergraben".

Werden die Verbreitungsbilder solcher Atlanten mit Verbreitungsangaben aus der älteren Literatur in Beziehung gesetzt, läßt sich der Gefährdungszustand einer Art ermitteln. Bei der Aufstellung der Roten Listen müßte korrekterweise so verfahren werden, aber die Vergleichsbasis ist oft nicht vorhanden. Dies trifft insbesondere für Tiere zu. Es ist deshalb höchste Zeit, wie in anderen europäischen Ländern in gemeinsamer Anstrengung von Bund und Ländern ein nationales Erfassungszentrum für die heimische Flora und Fauna aufzubauen, da solche Kartierungsprojekte erheblichen Organisations-, Koordinations- und Standardisierungsaufwand verursachen (Programm-Konzipierung, Bildung regionaler Erfassungszentren, Bildung und Schulung aktiver Mitarbeiterteams, Betreiben der EDV-Programme etc.).

Solche Erfassungszentren sind z.B. in England (Monks Wood Experimental Station), Belgien (Zoologie Générale et Faunistique, Gembloux) und Schweden (ArtDatabanken, Sveriges Lantbruks Universitet Uppsala) mit staatlicher Unterstützung eingerichtet worden, und man hat in diesen Ländern erkannt, daß die Ergebnisse solcher Kartierungen über den ursprünglichen Zweck hinaus wichtige Erkenntnisse liefern, wenn es um die Beurteilung von Auswirkungen veränderter Landnutzung und klimatischer Veränderungen geht. In England bilden die Kartierungsergebnisse darüber hinaus die Bezugsbasis für Langzeitüberwachungen (monitoring) bestimmter Faunen- und Florenkomponenten.

In Deutschland ist man von alledem noch weit entfernt und fällt so als Partner international bereits angelaufener Programme wie etwa des European Invertebrate Survey oder des World Conservation Monitoring Centre in England aus.

Sammelexpeditionen

Es ist ein Faktum, daß tagtäglich durch die Eingriffe des Menschen in die Natur Arten aussterben. Keiner weiß, wieviele es sind. Die Schätzungen schwanken zwischen 10 und mehreren hundert. Auch wenn unsere Schutzmaßnahmen besser wären, als sie es sind, wäre es illusorisch zu glauben, dem Artensterben könnte völlig Einhalt geboten werden. Das grandiose Mosaik der Entfaltung biologischer Vielfalt auf der Erde verliert jeden Tag mehrere hundert Steinchen, es entstehen immer größere blinde Flecken, und für die Wissenschaft wird es immer schwieriger, das Gesamtbild zu rekonstruieren. Die Paläontologie beweist, wie mühselig es ist, aus den wenigen fossil erhaltenen Resten ein mehr als bruchstückhaftes Bild der Biodiversität vergangener Erdzeitalter zu erschließen. Jede lebende Art ist ein kostbares Dokument, das nicht nur hilft, die gegenwärtige Vielfalt zu verstehen, sondern ihr Bau und ihre Lebensweise gestatten im Vergleich mit anderen Arten Einblicke in das historische Gewordensein ganzer Abstammungsgemeinschaften. Neue Arten entstehen viel langsamer als es die Umweltänderungen zulassen. Es wären viele Tausende von Generationen dafür erforderlich.

Historiker sammeln und sichern kostbare Dokumente, indem sie Archive aufbauen. So entstehen Schatzkammern, die Stätten lebendiger Forschung sind und zu Fundgruben der Wissenschaft werden, auch wenn manche Dokumente erst Jahrzehnte nach ihrem Zusammentragen genauer studiert werden. Solches Handeln, das die menschliche Geschichte im Blick hat, findet in jeder zivilisierten Gesellschaft Zustimmung und Unterstützung. Den Historikern der belebten Natur, den Systematikern als Evolutionsforschern, steht jedoch häufig Unverständnis und Gleichgültigkeit gegenüber; finanzielle Unterstützung wird ihnen versagt. Sammeln sei keine Wissenschaft, bekommen sie zu hören, und so müssen sie hilflos dulden, daß die Objekte ihrer Forschung reihenweise unbesehen verschwinden, obgleich viele davon gesichert und für spätere Forschung zur Verfügung gehalten werden könnten. Wir reißen, wie es in einem modernen zoologischen Lehrbuch heißt, „Seiten aus einem Buch heraus, das zum größten Teil noch ungelesen und zudem in einer Sprache geschrieben ist, die wir gerade erst zu entziffern beginnen."

Folgerungen

Ausbildung und Forschungsförderung

Die Erfassung der Artenvielfalt ist auf der Erde insgesamt und auch in Deutschland noch lange nicht abgeschlossen. Dennoch nimmt die Zahl der Spezialisten ab, die in der Lage sind, sie zu erforschen. Genau das Gegenteil müßte geschehen. Die Zahl der Organismengruppen, für deren Bearbeitung es nur noch einen einzigen Spezialisten auf der Erde gibt, der sie weltweit überblickt, wächst beständig. Einige dieser Spezialisten befinden sich in hohem Alter. Wenn es sie nicht mehr gibt, kommt es mangels Nachwuchs zu einem Traditionsabriß. Der Nachwuchsmangel erwächst aus der beklagenswerten Ausbildungssituation im Fach Systematik an den Universitäten und den kümmerlichen beruflichen Perspektiven.

Diese Feststellung ist nicht neu; es gibt zahllose verständnisvolle Äußerungen zu diesem Thema. Die Deutsche Forschungsgemeinschaft hat in einer Denkschrift über „Biologisches Systematik" (KRAUS & KUBITZKI 1982) auf einige Probleme hingewiesen. Das wahre Ärgernis besteht in dem Kontrast zwischen Stellungnahmen und wissenschaftspolitischer Praxis. Was nützt es, wenn die mangelhafte Ausbildung der Studierenden in „Spezieller Zoologie" bereits 1975 beklagt wird (RATHMAYER 1975), aber ein konsequentes Gegensteuern gegen diesen Mangel ausblieb?

Die Ausbildungssituation könnte kurzfristig verbessert werden, wenn die Praxis aufgegeben würde, Professuren für Systematik bei ihrem Freiwerden umzuwidmen. Zudem sollten mindestens 15 zusätzliche Professuren für Biosystematik und Biodiversität an Universitäten geschaffen werden, an denen sie fehlen. In einigen Bundesländern mit besonders hoher Universitätsdichte ist die Unterversorgung in Systematik im Bereich Zoologie besonders eklatant.

Um die Zeit bis zur Besserung der Ausbildungssituation zu überbrücken, sollten spezielle Weiterbildungsangebote finanziell unterstützt werden. Diese können allerdings kein Ersatz für zusätzliche Professuren sein, da auch die Verbreiterung der Forschungsbasis unter Einbeziehung neuerer, nichtmorphologischer Untersuchungsmethoden bei gleichzeitiger Wahrung des hohen Standards morphologischer Kenntnis dringend notwendig erscheint.

Die Systematik hat neben ihrer zentralen Aufgabe, der theoretischen Fundierung zur Beherrschung der Mannigfaltigkeit, eine wichtige Dienstleistungsfunktion gegenüber anderen biologischen Fachgebieten, insbesondere der Ökologie, indem sie die Bestimmungswerke und Handbücher bereitstellt, ohne die die Forschung in den anderen Fachgebieten Stückwerk bleibt. Die Vernachlässigung systematischer Forschung hat dazu geführt, daß diese unentbehrlichen Werke veraltet sind. Ihre Überarbeitung ist neben dem normalen Arbeitspensum weder an Museen noch an Universitäten zu leisten. Deshalb ist es nötig, die Wissenschaftlerstellen an Museen zu vermehren und an Universitäten Spezialisten nach dem Muster der Akademie-Stipendien der Volkswagen-Stiftung von ihren normalen Aufgaben freizustellen, damit sie sich ganz dieser Aufgabe widmen können.

An den Universitäten sollte die Bildung von Arbeitsgruppen gefördert werden, in denen sich Wissenschaftler unterschiedlicher biologischer Fachrichtungen, möglichst in Kooperation mit Wissenschaftlern an Museen, zur Erforschung einer bestimmten Organismengruppe zusammentun. Moderne Systematik erschöpft sich nicht in der Beschreibung von Arten, sondern strebt die Erforschung der Vielfalt quer durch alle Ebenen biologischer Organisation an. Ein solches Konzept kann aber nur aufgehen, wenn nicht versäumt wird, Organismen in ihrer ganzen gegenwärtigen Vielfalt zu berücksichtigen.

Es führt kein Weg daran vorbei, eine komplette Bestandsaufnahme der Vielfalt auf dieser Erde in Angriff zu nehmen. Das mag als utopisches Ziel erscheinen, ist aber, wie der amerikanische Zoologe WILSON (1985) vorrechnet, verglichen mit dem, was in der Teilchenphysik, der Molekulargenetik und anderen Zweigen der Großforschung üblich ist, ein Unternehmen zweiten oder dritten Grades. 25000 Spezialisten würden weltweit ausreichen, um in ihrem beruflichen Leben diese Aufgabe zu bewältigen. Das sind weniger Leute, als die mongolische Armee unter Waffen hat und dafür bezahlt, und weniger, wie WILSON sagt, als die Pensionärsbevölkerung in Jacksonville, Florida.

Eine Reihe von Instrumenten zur Bündelung aktueller Forschungsprojekte bzw. zur Intensivierung interdisziplinärer Forschung ist besonders geeignet, die dringend notwendige Beschleunigung der Arten-Inventarisierung als Grundlage der Biodiversitätsforschung voranzutreiben. Es sind dies Graduiertenkollegs, Schwerpunktprogramme oder Sonderforschungsbereiche, die bisher aber im wesentlichen auf die universitären Einrichtungen beschränkt sind. Es ist an den Forschern selbst, Initiativen für solche Gemeinschaftsinstrumente zu ergreifen. Auch die Möglichkeiten zur Kooperation ohne Zusatzförderung sind einzusetzen.

Es ist notwendig, bei solchen Förderungsprogrammen Universitäten und naturkundliche Museen gemeinsam einzubeziehen, um damit die wissenschaftlichen Ressourcen beider Institutionen und die Sammlungskapazitäten im Rahmen von Forschungsprojekten zu verknüpfen und zu bündeln. Das sollte eine Optimierung der Ausbildung auf dem Niveau der Doktoranden und Habilitanden im Bereich Biodiversitätsforschung durch die Einbeziehung der Arbeit an großen Sammlungen ergeben. „Traditionelle" und „molekulare" Systematik sind beide grundlegend für die Biodiversitätsforschung; sie finden aus sachlichen Gründen bisher an verschiedenen Orten statt. Die „traditionelle" Systematik mit ihrer großen Anwendungsrelevanz wird in besonderem Umfang an naturkundlichen Sammlungen betrieben, die molekularen Methoden der Systematik werden dagegen in der Regel nicht hier, sondern an den biologischen Instituten der Universitäten eingesetzt. Erst seit wenigen Jahren gibt es verstärkte Forschungsbemühungen molekulare und morphologische Forschung unmittelbar zu verknüpfen. Diese Arbeitsteilung erschwert die Synthese der Ergebnisse. Der Taxonom am Herbar oder einer zoologischen Sammlung sucht Kooperanden an der Universität (oder umgekehrt); eine Bahnung der Kooperation ist vielfach aufs Neue notwendig und von persönlichen Kontakten abhängig.

Durch Förderungsprogramme der oben genannten Art, die die Verknüpfung der taxonomisch-systematischen Arbeitsrichtungen zwischen den benannten Institutionen zum Ziel hätten, könnte taxonomische Forschung besser und effektiver durchgeführt werden.

Sammelexpeditionen

In Anbetracht des unaufhaltsamen Artensterbens sind Überlegungen angebracht, ob es gerechtfertigt ist, Sammeln nur bei gleichzeitiger Auswertung für unterstützenswert zu halten. Die augenblickliche Situation verlangt, daß mit allen Kräften versucht wird zu sichern, was noch zu sichern ist. Die Sammlungen, die jetzt angelegt werden, könnten in kürzester Zeit so kostbar wie eine Sammlung mittelalterlicher Evangeliare sein. Institutionen, die solche umfassenden Sammlungen beherbergen, werden Wissenschaftler aus aller Welt anziehen und zu Weltzentren evolutionsbiologischer Forschung aufsteigen.

Die Forschungsförderungsinstitutionen und die Träger der naturkundlichen Einrichtungen Deutschlands, d. h. Bund und Länder, sollten sich deshalb der Problematik annehmen und umgehend Sammelexpeditionen und Kooperationsvorhaben mit lokalen Institutionen vor allem in den Tropen ermöglichen, wo der Artenschwund im Moment am dramatischsten ist. Soweit erforderlich und möglich sollten dabei internationale Absprachen erfolgen und Kooperationen mit bereits bestehenden Organisationen und Programmen (z.B. Agenda Systematik 2000) aufgebaut werden.

Probensortierzentren („sorting centers")

Für die Registrierung der Proben, die auf den schon stattfindenden und zusätzlich zu erwartenden Expeditionen genommen werden, und zur Koordinierung ihrer Bearbeitung sowie zwecks der oben beschriebenen allgemeinen Effektivierung biosystematischer Forschungsarbeit ist die Einrichtung zentraler Probensortierzentren dringend erforderlich. Wegen der unterschiedlichen Faunen- und Florenzusammensetzung im Wasser und an Land wären mindestens zwei solcher Zentren wünschenswert, eines für den terrestrischen und eines für den aquatischen Bereich. In Anbetracht der riesigen Kenntnislücken hinsichtlich der Zusammensetzung der Bodenfauna in den Tropen (aber auch in Bezug auf Deutschland und seine Agrarlandschaften) mit den artenreichen Gruppen der Nematoden, Milben und Springschwänze (Collembola) wäre es gerechtfertigt, auch für die Bodenfauna ein eigenes Zentrum ins Auge zu fassen.

Solche Zentren haben einen Personalbedarf von schätzungsweise 7 Wissenschaftlern und 1-3 technischen Mitarbeitern pro Wissenschaftler sowie einen voraussichtlichen Zuwendungsbedarf pro Haushaltsjahr von ca. 1,5 Mill. DM und könnten als Institute der „Blauen Liste" geführt oder bereits bestehenden angegliedert werden.

Ausstattung der Museen

Die Museen sind der Hort der bereits vorhandenen und der zu erwartenden Sammlungen. Sie müssen so weit modernisiert und mit wissenschaftlichem sowie technischem Personal ausgestattet werden, daß sie für die Aufnahme, Pflege, Verwaltung und Bearbeitung der Sammlungen gerüstet sind. Modernisierung heißt Ausstattung mit modernen Mikroskopen und mit Computern, heißt aber auch den Ansprüchen neuerer Untersuchungsmethoden und Konservierungserfordernisse (Sammlungen tiefgefrorener Gewebeproben, Genbanken) gerecht werden zu können. Allerdings sollen diese neuen Methoden die alten ergänzen, nicht sie ersetzen. Im Gegenteil, die anatomische und morphologische Forschung muß wegen ihrer unübertroffen breiten Vergleichsbasis erhalten bleiben, gerade auch an Museen. Modernisierung heißt darüber hinaus Bereitstellung zusätzlicher Raumkapazität mit optimalen Möglichkeiten zur Regulierung von Temperatur und Luftfeuchtigkeit. Auch dies ist von der Personalseite her nicht zum „Nulltarif" zu haben. Neue Aufgaben müssen durch einen entsprechenden Personalzuwachs ermöglicht werden.

Keineswegs sollten Museen zu bloßen Magazinen gemacht werden. Sie müssen gleichzeitig Forschungsstätten sein. Die Erfahrung hat gezeigt, daß taxonomisches Arbeiten in Theorie und Praxis an Museen besser überdauert hat als an anderen Institutionen. Museen haben ihre eigenen wissenschaftlichen Aufgaben, die großenteils und notwendigerweise verschieden sind von denen der Universitäten und anderer Forschungseinrichtungen. Ihre Eigenständigkeit ist deshalb zu wahren. Als kurzsichtig muß man es bezeichnen, wenn – in manchen Ländern noch stärker als bei uns – die Stellenpläne der Museen gekürzt werden, während sie angesichts des Handlungsbedarfs eigentlich aufzustocken wären. Freilich müssen Museen ihre spezifischen Aufgaben auch erkennen und sie bis hin zur Wissensvermittlung durch ihre Veröffentlichungen und Ausstellungen erfüllen (PETERS 1989, ZIEGLER 1995).

Viele Publikationen über Biodiversität belegen, daß die Bedeutung der Biodiversität und die dringende Notwendigkeit der Bündelung der Aktivitäten zu ihrer Erforschung allgemein anerkannt werden. Vor dem Hintergrund vorliegender Zahlen und Konzepte (z.B. Systematics Agenda 2000, RAVEN & WILSON 1992) wird klar, daß eine Forcierung der Biodiversitätsforschung, die dem durch das Artensterben vorgegebenen Zeitdruck angemessen wäre, nur durch zusätzliche Mittel realisierbar ist.

Für die Durchführung solch weitreichender Konzepte ist neben der wissenschaftlichen Absicherung die Akzeptanz in einer breiteren, über die Fachwelt hinausgehenden Öffentlichkeit von großer Bedeutung. Die Fachvertreter müssen

Aktivitäten entwickeln, die Fakten, Zusammenhänge und verfolgte wissenschaftliche Strategien der wissenschaftlichen, biologischen und breiten Öffentlichkeit verständlich machen.

Hier sind Museen, mit Abstrichen auch Botanische Gärten, in einer Schlüsselposition. Sie sind nicht nur Orte wissenschaftlicher Forschung, sondern – besonders die Museen – besitzen die räumliche und personelle Ausstattung sowie das Know-How, um wissenschaftliche Sachverhalte einer größeren Zahl von Interessenten zu präsentieren, z.B. in populärwissenschaftlichen Publikationsreihen oder Ausstellungen. Keine andere Institution kann diesen wichtigen Beitrag zur Information über und Akzeptanz von Biodiversitätsforschung so fundiert und aufgrund der vorhandenen Infrastruktur so effektiv und kostengünstig leisten.

Zentrale Datenbank

Es hat sich als folgenschwerer Fehler erwiesen, beim Aufbau des Fachinformationssystems in der Bundesrepublik die zentrale Biologiedokumentation derjenigen der Medizin anzugliedern. Das hat dazu geführt, daß die oben beschriebenen spezifischen Bedürfnisse der Biologie nur wenig zum Zuge gekommen sind. Anzustreben ist eine Verselbständigung der Biologiedokumentation nach dem Muster der Zentralstelle für Psychologische Information und Dokumentation (ZPID) an der Universität Trier. Diese hat 7 wissenschaftliche und 8 technische Mitarbeiter und einen Zuwendungsbedarf von (1986) 1,5 Mill DM pro Haushaltsjahr (vgl. Kap. „Zentrale Datenbanken"), eine Größenordnung, die auch der Bedeutung der Biodiversitätsforschung entspräche.

Taxonomische und systematische Literatur

Im deutschsprachigen Raum existiert eine Reihe international anerkannter taxonomischer Zeitschriften, daneben gibt es aber auch Mitteilungsblätter und Monatsschriften einiger Institute, in denen Veröffentlichungen zu taxonomischen, biosystematischen oder verbreitungsbiologischen Inhalten möglich sind. Es wird häufig undifferenziert kritisiert, daß diese Zeitschriften und Periodika internationalen Ansprüchen nicht genügen. Demgegenüber steht die Erfahrung vieler Taxonomen, daß ihre Veröffentlichungen, auch wenn sie in deutscher Sprache abgefaßt sind, von den Kollegen vieler Länder (auch des angelsächsischen Sprachraumes) angefragt werden und Sprachbarrieren in verschiedener Richtung überwunden werden können, ohne ständig eine Einheitssprache zu brauchen. Ein großes Problem stellt außerdem die Veröffentlichung größerer Revisionen und Monographien dar, die den Fortschritt in der Taxonomie einer Organismengruppe besonders gut dokumentieren. Sie sind auch für die Anwendung taxonomischer Ergebnisse in anderen Teildisziplinen der Biologie als Bestimmungswerke von entscheidender Bedeutung. Besonders die kommerziell betriebenen international anerkannten Zeitschriften sind in der Regel an solchen Publikationen nicht interessiert, da sie sehr kostenaufwendig sind. Die genannten Schriftenreihen der Institute füllen hier eine wichtige Lücke und sind oft die einzigen Publikationsorgane, in denen solche Arbeiten untergebracht werden können. Damit erfüllen sie eine Infrastrukturaufgabe, deren Finanzierung auch in Zukunft gesichert werden sollte. Dennoch sollte im Kreis der Fachvertreter die Pflege der Zeitschriften einer kritischen Prüfung unterzogen und der Frage der Verwendung der deutschen, englischen oder anderer Sprachen unter dem Gesichtspunkt der Informationsverbreitung und der kritischen internationalen Diskussion besonderes Augenmerk gewidmet werden. Begutachtungsmechanismen, Verbreitung und Resonanz ist besondere Beachtung zu widmen, um die zumeist hochwertigen und mit großer Mühe erstellten Monographien international schneller und breiter zugänglich zu machen.

Nationales Erfassungszentrum

Bei Eingriffen nach § 4 Landschaftsgesetz wie dem Bau von Straßen oder der Verlegung von Versorgungsleitungen, dem Ausbau von Gewässern, der Beseitigung von Hecken usw. werden zur Beurteilung der ökologischen und landschaftlichen Gegebenheiten ökologische Gutachten herangezogen. Mit der Verabschiedung des Umweltverträglichkeitsprüfungsgesetzes (UVPG) durch den Bundestag am 20. Februar 1990 kommt ökologischen Gutachten eine weiter wachsende Bedeutung zu. Im Rahmen einer UVP müssen die Auswirkungen eines Vorhabens auf „Menschen, Tiere, Pflanzen, Boden, Wasser, Luft, Klima und Landschaft, einschließlich der jeweiligen Wechselwirkungen" ermittelt und bewertet werden. Ebenso wie bei der Beurteilung der Schutzwürdigkeit eines Lebensraumes oder eines Eingriffs nach § 4 Landschaftsgesetz sind im Rahmen der UVP faunistische und floristische Erhebungen unverzichtbar. Für deren Bewertung ist eine Bestandsaufnahme der Biodiversität in Deutschland notwendig, und man ist darauf angewiesen, daß Kartierungsprogramme die Hintergrundinformationen liefern, ohne die eine sinnvolle Interpretation der bei Gutachten erhobenen Daten unmöglich ist. Solche Kartierungen bedürfen eines nationalen Koordinierungszentrums, das eine einheitliche Methodik garantiert, externe Mitarbeiterteams aufbaut und mit Arbeitsmaterialien versorgt, die hereinkommenden Daten mit einheitlichen EDV-Programmen aufbereitet und die Ergebnisse publiziert.

Als in benachbarten Ländern der Aufbau solcher Erfassungszentren begann, wurde ein entsprechender Versuch auch an der Universität Saarbrücken unternommen, der aber nicht über eine Anfangsphase hinaus gediehen ist. Während die anderen europäischen Länder den modernen Erfordernissen des Umwelt-, Arten-, Biotop- und Landschaftsschutzes gewachsen sind, mangelt es in Deutschland selbst an Grundvoraussetzungen, vornehmlich im faunistischen Bereich. Ein Erfassungszentrum ist deshalb auch in Deutschland überfällig.

Denkbar wäre, daß das Bundesamt für Naturschutz hierbei eine Rolle spielt. Dem steht aber wahrscheinlich entgegen, daß die Umwandlung der vormaligen Bundesanstalt für Naturschutz und Landschaftsökologie in das genannte Bundesamt mit einem erheblichen Verlust an wissenschaftlichen Stellen einherging.

Zentralbüro zum Aufbau der Infrastruktur

Verglichen mit anderen europäischen Ländern hat Deutschland zur Erforschung der Biodiversität etwas pointiert gesagt die Infrastruktur eines Entwicklungslandes. Dabei kann es nicht bleiben, wenn es als Partner bei den sich abzeichnenden globalen Anstrengungen auf diesem Gebiet ernstgenommen werden will. Jede oben genannte Infrastrukturmaßnahme erfordert zu ihrer Einrichtung einen großen Planungs- und Koordierungsaufwand. Dieser kann kurzfristig nur geleistet werden, wenn vorübergehend ein Zentralbüro eingerichtet wird, das als Schaltstelle fungiert.

Dieses Büro hat Gespräche zur Planung, Finanzierung und Realisierung der erforderlichen Infrastruktur anzuregen und zu koordinieren und müßte außer mit dem wissenschaftlichen Leiter, der selbst Systematiker sein sollte, mit einem wissenschaftlichen Mitarbeiter und einer Verwaltungskraft besetzt sein. Die Einrichtung eines solchen Zentralbüros wäre der erste Schritt bei dem Bemühen, der Biodiversitätsforschung in Deutschland die Operationsbasis zu verschaffen, die internationalem Standard entspricht.

Zitierte Schriften

BARNES, R. D. (1989): Diversity of organisms: How much do we know? – Amer. Zool., **29**: 1075-1084.

BERTHOLD, P., KAISER, A., QERNER, U. & SCHLENKER, R. (1993): Analyse von Fangzahlen im Hinblick auf die Bestandsentwicklung von Kleinvögeln nach 20jährigem Betrieb der Station Mettnau, Süddeutschland. – J. Orn., **134**: 283-299.

BOTANIC GARDENS CONSERVATION SECRETARIAT (1987): The International Transfer Format (ITF) for Botanic Gardens Plant Records. – Pittsburgh, 64 S.

CRACRAFT, J. (1996): Systematics, biodiversity science, and the conservation of the Earth's biota. – Verh. Dtsch. Zool. Ges., **89.2**: 41-47.

ERWIN, T. L. (1982): Tropical forests: their richness in Coleoptera and other arthropod species. – Coleopt. Bull., **35**: 74-82.

FORD, E. B. (1964): Ecological Genetics. – Chapman and Hall, London.

FUTUYMA, D. J. (1986): Evolutionary Biology (2nd edition). – Sinauer Associates, Sunderland, Mass. USA:

GASTON, K. J. [Ed.] (1996): Biodiversity. A biology of numbers and difference. – Blackwell Science Ltd., Oxford.

GILPIN, M. & HANSKI, I. [eds.] (1991): Metapopulation Dynamics: Empirical and Theoretical Investigations. – Academic Press, London.

GRASSLE, J. F. & MACIOLEK, N. J. (1992): Deep-sea species richness: Regional and local diversity estimates from quantitative bottom samples. – Amer. Naturalist, **139**: 313-341.

GROOMBRIDGE, B. [Ed.] (1992): Global Biodiversity. – Chapman & Hall, London, Glasgow, New York, Tokyo, Melbourne, Madras.

GTZ (1995): Biologische Vielfalt erhalten! Eine Aufgabe der Entwicklungszusammenarbeit. – Deutsche Gesellschaft für Technische Zusammenarbeit (GTZ) GmbH, Publikationsreihe, **402/95** – 15d – Biodiv. Eschborn.

HASKELL, P. T. & MORGAN, P. J. (1988): User needs in systematics and obstacles to their fulfillment. In: HAWKSWORTH, D. L. [Ed.]: Prospects in systematics. The Systematics Association, special volume, 36: 399-413; Clarendon Press, Oxford.

HAWKSWORTH, D. L. [Ed.] (1995): Biodiversity Measurement and Estimation. – Chapman & Hall, London, Glasgow, Weinheim, New York, Tokyo, Melbourne, Madras.

HEAL, O. W., MENAUT, J. C. & STEFFEN, W. L. [Eds.] (1993): Towards a Global Terrestrial Observing System (GTOS): Detecting and monitoring change in terrestrial ecosystems. – MAB Digest 14 and JGBP Global Change Report, **26**. – UNESCO, Paris and IGBP, Stockholm.

HUTCHINSON, G. E. (1959): Homage to Santa Rosalia, or why are there so many kinds of animals? – American Naturalist, **93**: 145-159.

Konsortium Sytsematics Agenda 2000 (1996): Agenda Systematik 2000. – Kleine Senckenberg-Reihe, **21**. [Deutsche überarbeitete Übersetzung des amerikanischen Textes von 1994]

KRAUS, O. & KUBITZKI, K. (1982): Biologische Systematik; Denkschrift der Deutschen Forschungsgemeinschaft. – Verlag Chemie, Weinheim.

LEVINS, R. (1968): Changing Environments – some theoretical explorations. – Monographs in Population Biology 2. (2nd edition). – Princeton University Press, Princeton, New Jersey, USA.

MARKL, H. (1993): Naturforschung aus Liebe zur Natur. – Natur und Museum, **132**(5): 129-140.

MAYR, E. (1963): Animal Species and Evolution. – Harvard University Press, London, Oxford.

PETERS, D. S. (1989): Naturkundemuseum und Wissenschaft. – Museumskunde, **54** (3):155-161.

PRENDERGAST, J. R., QUINN, R. M., LAUTON, J. H., EVERSHAM, B. C. & GIBBONS, D. W. (1993): Rare species, the coincidence of diversity hotspots and conservation strategies. – Nature, **365**: 335-337.

RATHMAYER, W. (1975): Zoologie heute. – Gustav Fischer, Stuttgart.

RAVEN, P. H. & WILSON, E. O. (1992): A Fifty-Year plan for Biodiverity Surveys.– Science, **258**: 1099-1100.

ROOT, R. B. (1967): The niche exploitation pattern of the blue-gray gnatcatcher. – Ecol Monogr., **37**: 317-350.

SAVAGE, J. M. (1995): Systematics and the biodiversity crisis. – BioScience, **45**: 673-679.

SCHMINKE, H. K. (1994): Wiederaufbau von Forschung und Lehre in Zoosystematik – Eine nationale Aufgabe. – Spektrum der Wissenschaft, **1994**(9): 114-116.

SCHMINKE, H. K. (1996): Naturkundliche Sammlungen – Das vernachlässigte Erbe ? – Spektrum der Wissenschaft, **1996**(5): 116-119.

SEITZ, A. & LOESCHCKE, V. (1991): Species Conservation: A Population-Biological Approach. – Birkhäuser, Basel.

SPERLICH, D. (1988): Populationsgenetik. (2. Auflage) – G. Fischer Verlag, Stuttgart.

STEARNS, S. C. (1992): The Evolution of Life Histories. – Oxford University Press, Oxford.

STORK, N. E. & SAMWAYS, M. J. (1995): Inventorying and monitoring of biodiversity. – In: UNEP (1995): Global Biodiversity Assessment: 453-543. – Cambridge University Press, Cambridge.

STÜTZEL, T. (1994): Genetische Ressourcen in Botanischen Gärten. – Der Palmengarten, **58**/2: 166-171.

TIMOFEEF-RESSOVSKY, N. W. (1940): Zur Analyse des Polymorphismus bei *Adalia bipunctata* L. – Biol. Zentralbl., **60**: 130-37.

TSCHARNTKE, T. (1992): Coexistence, tritrophic interactions and density dependence in a speciesrich parasitoid community. – J. Anim. Ecol., **61**: 59-67.

UNEP (1995): Global Biodiversity Assessment. – Cambridge University Press, Cambridge.

WCMC (1992): Global Biodiversity: Status of the Earth's living Resources. – Chapman & Hall, London.

WILSON, E. O. (1985): The biological diversity crisis: A challenge to science. – Iss. Sci. Technol., **2**: 20-29.

WILSON, E. O. [Ed.] (1988): Biodiversity. – National Academy Press, Washington, D. C.

ZIEGLER, W. (1995) [Hrsg,]: Naturhistorische Sammlungen in Hessen. – Aufs. Reden senckenb. naturf. Ges., **44**: 1-77.

ZWÖLFER, H. (1994): Structure and biomass transfer in food webs: stability, fluctuations and network control. – In: SCHULZE, E. D. [ed.]: Flux Control in Biological Systems: 365-419. – San Diego.

ZWÖLFER, H. & ARNOLD-RINEHART, J. (1992): The evolution of interactions and diversity in plantinsect systems: the *Urophora-Erytoma* food web in galls on Palearctic Cardueae. – Ecological Studies, **99**: 210-233.